Mantle
Crust
Pacific Ocean 30%
KB263719
1861
19..
19..
2010
ce area covered by water 71%
oo sq. km (139,433,845 sq. miles)
's surface area covered by land 29%
040,000 sq. km (7,506,055 sq. miles)
Inner Core
Outer Core
London
New York
Tokyo
Mumbai/Bombay
Madrid
Shanghai
Auckland
Potassium 0.35%
Phosphorus 1.1%
Calcium 2%
Nitrogen 3%
Carbon 18%
Oxygen 65%
gen 10%
Sulph...
n taste buds =
ells in your body
ody creates
nd.
Average time between blinks of the eyes =
2.8 seconds
An atom is the basic chemical building block
of all matter, everything that we see, hear,
touch and smell. Atoms are life.
Electron
Negative charge
Electron Orbit
Proton
Positive charge
Neutron
No charge
Atoms are made up of protons (carrying po...
electric charge), neutrons (no electric charge...
electrons (a negative electric charge).
On average an electron weighs around
1/2000 of a proton or a neutron. The
protons and neutrons are joined together
to form a nucleus around which the
electron orbits.
Number of receptor cells in your nose =
12 million (a dog has 1 billion!)
Protons and neutrons are made up of quarks
– miniscule particles that weren't discovered
until 1968 – while the electron has no
constituent parts.
Electrons and protons
are electrically attracted
to one another.

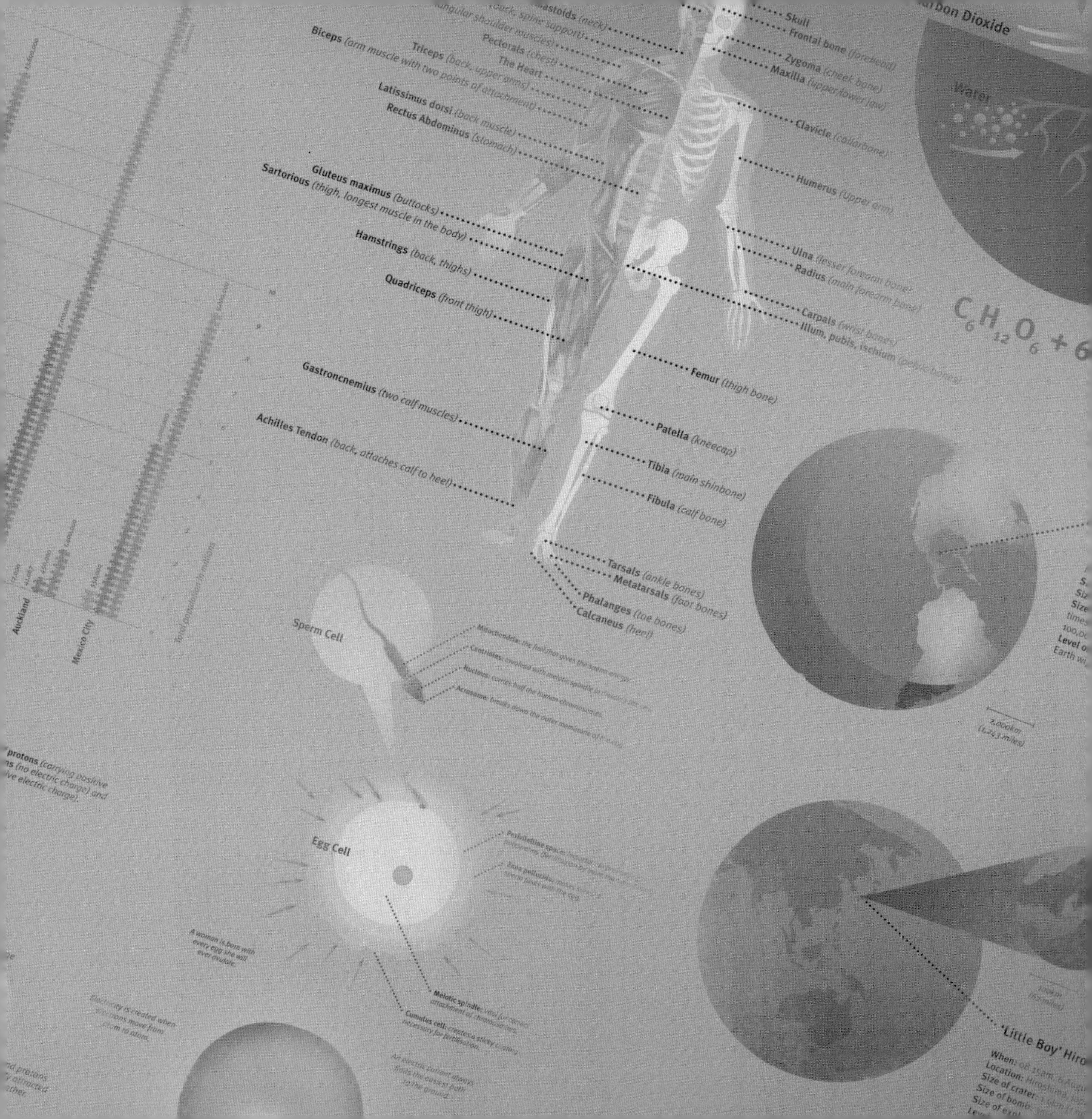

mastoids (neck)
(back, spine support)
angular shoulder muscles)
Triceps (back, upper arms)
Pectorals (chest)
The Heart
Biceps (arm muscle with two points of attachment)
Latissimus dorsi (back muscle)
Rectus Abdominus (stomach)
Gluteus maximus (buttocks)
Sartorious (thigh, longest muscle in the body)
Hamstrings (back, thighs)
Quadriceps (front thigh)
Gastroncnemius (two calf muscles)
Achilles Tendon (back, attaches calf to heel)
Skull
Frontal bone (forehead)
Zygoma (cheek bone)
Maxilla (upper/lower jaw)
Clavicle (collarbone)
Humerus (Upper arm)
Ulna (lesser forearm bone)
Radius (main forearm bone)
Carpals (wrist bones)
Illum, pubis, ischium (pelvic bones)
Femur (thigh bone)
Patella (kneecap)
Tibia (main shinbone)
Fibula (calf bone)
Tarsals (ankle bones)
Metatarsals (foot bones)
Phalanges (toe bones)
Calcaneus (heel)
Carbon Dioxide
Water
C₆H₁₂O₆ + 6
Sperm Cell
Mitochondria: the fuel that gives the sperm energy
Centrioles: created with meiotic spindle to multiply the
Nucleus: carries half the human chromosomes.
Acrosome: breaks down the outer membrane of the egg
Egg Cell
Periuitelline space
Zona pellucida:
Meiotic spindle: vital for correct attachment of chromosomes.
Cumulus cell: creates a sticky coating necessary for fertilisation.
A woman is born with every egg she will ever ovulate.
An electric current always finds the easiest path to the ground.
Electricity is created when electrons move from atom to atom.
protons (carrying positive
(no electric charge) and
electric charge).
Auckland
Mexico City
Total population in millions
2,000km
(1,243 miles)
100km
(62 miles)
'Little Boy' Hiro
When: 08:15am, 6 Au
Location: Hiroshima,
Size of crater:
Size of bomb:
Size of expl

# EVERYTHING YOU NEED TO KNOW ABOUT

# 누구나 알아야 할 모든 것

누구나 알아야 할

# 모든 것

ⓒ 포르티코, 2014

**초판 1쇄 인쇄일** 2014년 7월 5일
**초판 1쇄 발행일** 2014년 7월 14일

**지은이** 다니엘 타타스키  **일러스트** 스티브 러셀
**옮긴이** 강현정
**펴낸이** 김지영  **펴낸곳** 작은책방
**편집** 김현주
**제작·관리** 김동영

**출판등록** 2001년 7월 3일 제2005-000022호
**주소** 121-895 서울시 마포구 어울마당로 5길 25-10 유카리스티아빌딩 3층
(구. 서교동 400-16 3층)
**전화** (02)2648-7224  **팩스** (02)2654-7696

**ISBN** 978-89-5979-335-8 (13400)

- 책값은 뒤표지에 있습니다.
- 잘못된 책은 교환해 드립니다.
- Gbrain은 작은책방의 교양 전문 브랜드입니다.

EVERYTHING SERIES

# EVERYTHING YOU NEED TO KNOW ABOUT

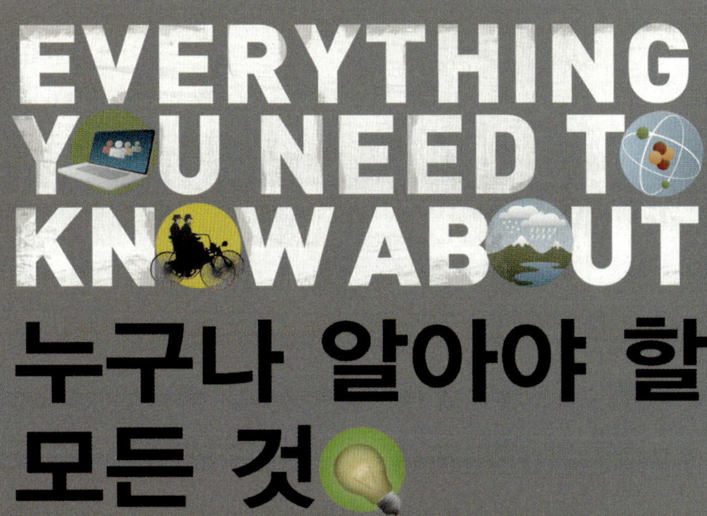

# 누구나 알아야 할 모든 것

다니엘 타타스키 지음  스티브 러셀 일러스트  강현정 옮김

Gbrain

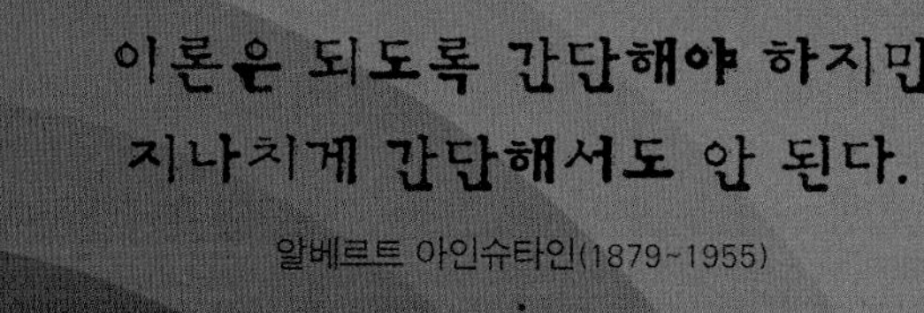

이론은 되도록 간단해야 하지만
지나치게 간단해서도 안 된다.

알베르트 아인슈타인(1879~1955)

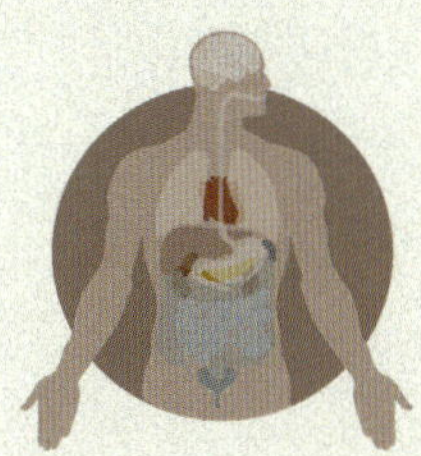

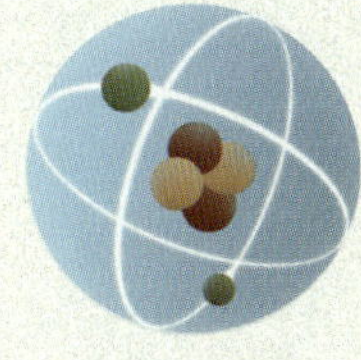

# 서언

머리를 살짝 노크해보자. 《누구나 알아야 할 모든 것》은 잃어버린 열쇠를 찾는 데 도움을 주지도 않을 것이고(아마 집안에 있겠지), 첫 여자 친구에게 왜 무참하게 차였는지 설명해주지도 않을 것이며(정말 운 좋게 탈출한 것일지도?), 세상의 맛있는 음식은 어째서 건강에 좋지 않은 건지도 알려주지 않는다(그게 인생임! 그냥 먹어요!). 이 책은 단지 224페이지 안에 우리가 사는 행성 지구, 우주 너머, 그리고 독특하고 놀라운 모든 생물과 무생물에 관한 필수 정보를 흥미진진하게 담으려고 애썼을 뿐이다.

자료에 의하면 사람들은 미술관에 가서 그림 자체보다 그림의 설명글을 보는 데 평균 세 배의 시간을 더 소비한다고 한다. 또 우리 인간은 활자보다 시각적 정보를 장기기억 메모리에 유지시키는 것이 더 빠르다고 한다. 이 두 가지 연구 결과가 언뜻 모순처럼 들리겠지만, 그것에 대해 생각하는 순간 둘 다 옳다는 사실을 알게 될 것이다.

우리의 뇌는 정말 빠르게 사진을 찍을 수도 있고 기억할 수도 있고 심지어 이해할 수도 있지만 활자를 받아들이는 데에는 약간의 과정이 필요하다. 그래서 활자로 된 정보를 흡수하고 소화하는 데 시간이 걸린다. 머릿속의 정보를 검색해서 재사용하려고 할 때 활자는 뇌에 더 많은 작업량을 요구한다. 실제로 사람들이 평소 하는 일은 뭔가를 읽고 머릿속에서 그림으로 전환하는 일이고, 그중에 흥미가 있는 것은 기억하려고 한다. 그래서 모나리자 그림을 볼 때 그 불가사의한 미소를 한 시간이나 걸려 바라볼 필요는 없지만(고작 몇 초의 시간을 할애할 뿐이다) 누가 그렸는지(설마! 다들 알잖아요?) 해당 미술가가 어디에서 태어나고, 그림을 완성하는 데 얼마나 걸렸는지 등 자세한 기억을 유지하기 위해서는 좀 더 시간이 필요하다.

우리는 각 페이지를 이분화하여 표현하려고 노력했다. 페이지마다 흥미를 유발할 수 있도록 현재 표현할 수 있는 모든 방법을 동원해 정보덩어리를 일러스트로 전달하고 있다. 이 방식은 두뇌활동에 도움을 주기 때문에 독자들은 잠깐 사이에 더 빨리 핵심을 파악하게 될 것이다. 정보 전체에 대한 기억은 사라지겠지만 나중에 언젠가, 예를 들어 핵에 대한 대화를 하게 된다면 좀 더 쉽게 기억을 되살릴 수 있을 것이다. 우리는 설명과 차트, 연대표, 다이어그램, 그래프 등을 함께 볼 수 있어 즐거웠다. 우리와 함께 한다면 당신도 더 큰 그림을 얻게 될 것이다.

이 책은 중국어를 쓰는 사람이 얼마나 많은지를 알고 싶어 하는 사람들에게는 다소 괴팍하게 느껴질 것이다. 이 책은 가장 큰 공룡이 무엇인지, 또 얼마나 큰지 알고 싶어 하는 어른아이를 위한 것이다. 이 책은 페르디난트 대공이 암살당한 때가 언제이고, 세계대전을 유발한 작은 사건이 무엇인지 알고 싶어 하는 역사광을 위한 것이다.

《누구나 알아야 할 모든 것》은 빅뱅에서 빅 크런치에 이르기까지, 어쩌면 그 너머까지 당신을 이끌어줄 것이다. 또한 내용이 광범위하게 걸쳐 있어 그만큼 흥미로운 것들을 많기 발견할 수 있기 때문에 그 어떤 도서보다 더 나은 시작을 할 수 있을 것이다.

**굵은 글씨**는 이 책에서 나타내려는 키포인트, 사람 또는 콘셉트를 표시한 것이다. 우리는《누구나 알아야 할 모든 것》에서 되도록 많은 것을 전달하고 싶었다. 당신이 더 많은 것을 발견하기 바란다.

# 시간과 공간

 **빅뱅 이전**

　　최근까지도 과학자들 사이에서는 빅뱅 이전에는 아무것도 존재하지 않았다는 생각이 지배적이었다. 그런 의미에서 이 페이지는 공백으로 남겨둔다.

　　하지만 1915년 **알베르트 아인슈타인**이 일반상대성이론을 출간한 이후부터 최근까지 과학적 논쟁(특히 양자 물리학에서)이 진전을 이루면서, 현재는 빅뱅 이전에 무엇인가 존재했었을 가능성에 대한 수많은 이론이 제기되고 있다. 안타깝게도 그 이론들을 효과적으로 서술하기에는 이 공간이 충분하지 않다. 하지만 결국 언젠가는 우리도 그 모든 것을 알게 되지 않을까?

　　우리가 확신할 수 있는 모든 것은 이 작고 검은 점이-누구나 알아야 할 모든 것을 포함한 **전체 우주**를 나타내는- 점점 더 커지려고 한다는 것이다.

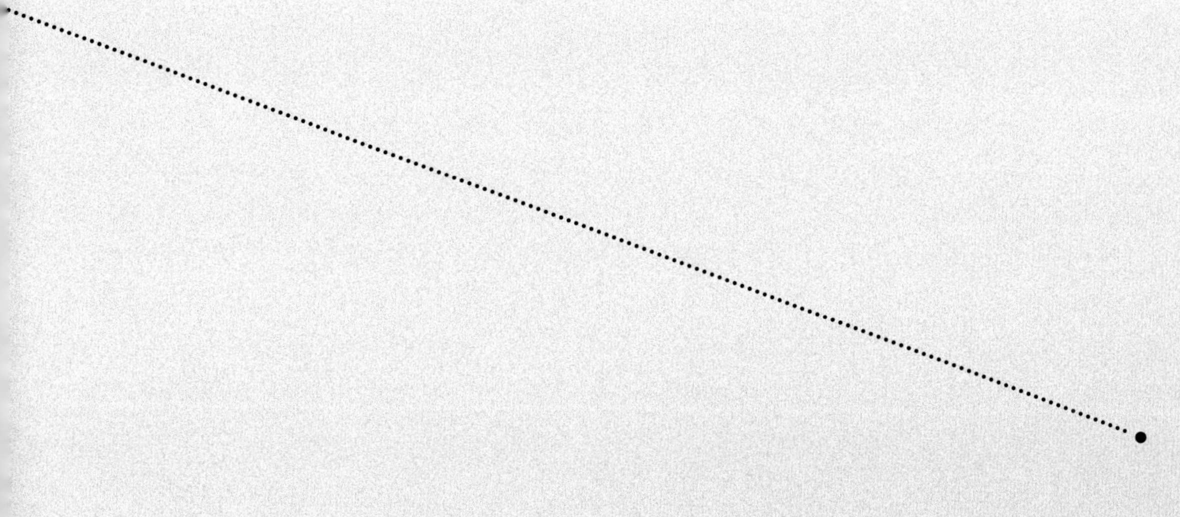

[점은 비율에 일치하지 않음]

 # 빅뱅

빅뱅, 또는 모든 일이 시작된 것은 약 137억 년 전이다.

여기에 있는 우리를 비롯한 대부분의 사람들은 빅뱅이라는 명칭을 들으면 엄청난, 정말 어마어마한 폭발을 상상할 것이다. 하지만 실제로는 그렇지 않다. 빅뱅이란 **물질과 에너지, 기체가 엄청난 속도로 팽창**하는 것을 뜻한다. 빅뱅 이론의 모델은 오늘날에도 우주가 여전히 팽창하고 있다는 전제하에 수립되었다. 몇백만 년 정도의 오차범위는 있겠지만, 과학자들은 이 이론에 의해 우주에서 언제부터 생명체가 존재했는지 측정할 수 있다.

많은 사람들은 빅뱅이 이론으로만 존재한다는 사실을 잊곤 하지만, 지금 현재 가장 인기 있고 널리 지지받는 이론이기도 하다. 분명한 것은 모든 것이 어디에서부터 어떻게 시작되었는지에 관해 지금까지 제안된 모든 이론들 중에서(물론 하나 또는 그 이상의 신들이 창조했다는 것까지 포함해서 말이다) 가장 많은 지지를 받고 있는 이론이라는 사실이다.

### 지식 충전소

프레드 호일 Fred Hoyle (1915~2001)은 1949년 '빅뱅 Big Bang'이라는 용어를 만들어낸 사람으로 널리 알려져 있다. '정상우주론'의 강력한 지지자였던 호일은 이 터무니없는 이론에 강하게 반발했고, 아마도 짜증이 났었을 것이다. 하지만 그는 짜증을 내는 대신 'Big Bang'이라는 꼬리표를 찾아냈다.

BANG!

 **태초에**

세계적으로 가장 많은 믿음을 얻고 있는 주요 여섯 종교에 의하면 우주는 다음과 같이 탄생했다고 한다.

경전이 있는 대부분의 종교에서는 우리가 어떻게 이곳에 왔는지에 관한 이론과 뛰어난 창조자의 존재를 만나게 된다.

과학이 우리 인간의 존재와 진화에 대해 설명했을 때와 마찬가지로, 과학적으로 빅뱅의 증거가 확인된 이래 종교는 패배를 인정할 수밖에 없을 것이라고 생각했다. 하지만 아니었다. 신앙은 여전히 강력한 힘을 갖고 있었다.

성경이든 꾸란이든 토라든 경전은 신자들에게 과학이 보여주는 우주 창조와 진화 이론이 완전한 답이 될 수 없음을 이야기하고 있다. 이 자리에 각 종교의 전체 교리를 소개하는 것은 불가능하다. 따라서 그중 탄생에 관한 구절만 소개한다.

**기독교**

신도 수: 24억 명

태초에 하나님이 천지를 창조하시니라
땅이 혼돈하고 공허하며…
하나님이 이르시되 빛이 있으라 하시니 빛이 있었고
성경, 창세기 1:1

**불교**

신도 수: 5억 명

불교 신봉자인 불교도는 진화에 대한
이론을 믿으며, 창조에 관한 이론은 없다.

**지식 충전소**

영화 〈스타워즈〉에 나오는 제다이 기사에 대한 믿음이 근간이 된 제다이 종교는 현재 영국에만 40여만 명의 신도가 있으며, 추종자들은 계속해서 늘어날 것으로 예상된다. 제다이교는 2001년 정식 종교로 인정되었다.

 **힌두교**

**신도 수:** 9억 명

브라만이 탄생하여 옴이라고 첫 번째 소
리를 내자 이에 모든 피조물이 생겨났다.

베다

**시크교** 

**신도 수:** 2600만 명

오직 한 분이신 하나님의 이름은 진정한 창조주이시라.
두려움이 없으시며 증오가 없으시고 불멸이시며,
낳아지지도 않는 분이시며 스스로 존재하는 분이며
위대하시고 자비로운 분이라.

구루 그란스 사힙

**유대교** ✡

**신도 수:** 1600만 명

태초에 하나님이 천지를 창조하시니라
땅이 혼돈하고 공허하며…
하나님이 이르시되 빛이 있으라 하시니 빛이 있었고

토라, 창세기 1:1

**이슬람교** ☪

**신도 수:** 11억 5천만 명

또한 그분은 너희를 위해 이땅의 모든 것을 창조하시고
다시 하늘로 올라가 일곱 개의 하늘을 만드신 분으로
진실로 모든 것을 알고 계시노라.

꾸란, 제2장 수라트 알 바까라 29절

 # 우리 우주의 구성 요소

에너지보존법칙에 의하면 물질은 소멸되거나 생성되지도 않고 오직 전환될 뿐이라고 한다. 이것은 곧 현재 우주에 존재하는 모든 것은 언제나 존재했었고 앞으로 존재할 것이라는 뜻이다.

문제는 이미 우리가 알고 있듯이 빅뱅 이후로 우주는 **확대**되고 있다는 사실이다. 다시 말해 우주 전체에서 **암흑물질**의 비율은 계속 증가해왔으며 여전히 증가하고 있다.

예를 들어 행성이나 별 등의 원자는 우주 전체 물질의 4%에 불과하다. 우주의 기본 물질인 암흑물질은 우리 눈에는 보이지 않지만 거대한 덩어리를 이루고 있다. 암흑에너지에 대해서는 더더욱 알려져 있지 않으며 **암흑에너지**가 우주의 72%에 달함에도 불구하고 그 존재를 정확히 이해하는 사람이 없다. 심지어 NASA에서는 'Joint Dark Energy Mission'라는 프로젝트까지 마련하여 해답을 찾기 위해 노력하고 있다.

### 지식 충전소

우주에 대한 우리의 지식은 극히 미미하다. 우주를 여행할 능력이 없기도 하거니와 관찰을 하기에도 너무 멀기 때문이다. 우주 너머에 무엇이 있는지 또 어디에서 비롯되었는지에 대한 연구는 현재 과학의 영역을 넘어서 있기 때문에 오직 철학자들만이 고민하고 있다.

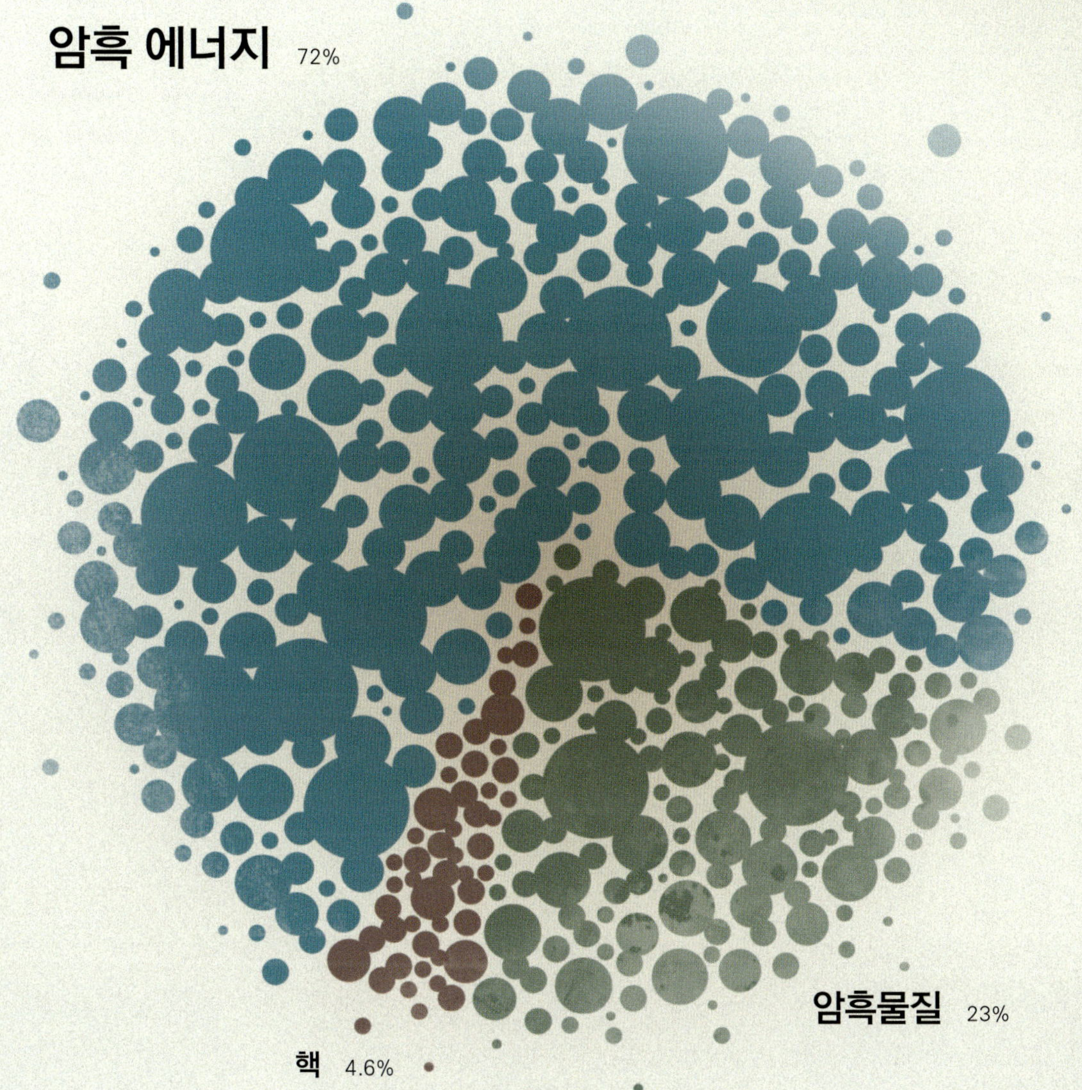
암흑 에너지 72%
암흑물질 23%
핵 4.6%

 **은하계**

　은하계는 별, 성간물질, 먼지, 기체, 암흑물질 등이 **만유인력**에 의해 완전히 독립되어 있는 집합체이다. 은하계에는 수백만 개에서 수조 개의 별이 존재한다. 지구가 속해 있는 태양계는 **은하수**라고도 부르는 은하계의 일부에 불과하다.

　우리가 아는 우주에는 최소한 **수천억 개의 은하계**가 존재하는 것으로 추정되고 있으며 정확한 수는 헤아리기 어렵다.

　망원경이 발달하면서 인류는 수백만 광년이나 떨어진 먼 은하계를 관측할 수 있게 되었다. 그중 **호그 천체**라는 이름을 가진 고리 모양의 은하계는 6억 3000만 광년이나 떨어져 있다.

은하수

**지식 충전소**

은하수의 지름은 약 10만 광년에 이른다. 만약 밀키웨이 초코바를 은하계의 한쪽 끝에서 다른 쪽 끝까지 차례대로 늘어놓는다면, 우리가 100살까지 산다고 가정했을 때 지구 전체의 인구가 매일 68억 1300만 개를 먹어야 하는 양이다.

**사실은…**

머나먼 우주공간이 우리 앞에 펼쳐진 것은 1990년 허블우주망원경이 설치되면서 부터이다. 이 망원경은 97분마다 지구의 궤도를 돌면서 렌즈 배열이 독특한 카세그레인cassegrain 반사렌즈 같은 몇 가지 과학 도구를 통해 이미지를 보내오고 있다. 망원경은 단순히 확대 역할을 하는 것이 아니라 육안으로 볼 수 있는 것보다 더 많은 빛을 모아준다. 허블망원경의 장점은 지상에 고정된 망원경과 달리 지구의 대기 위에 자리 잡았기 때문에 더 많은 빛을 왜곡에서 걸러낸다는 데 있다.

# 은하수

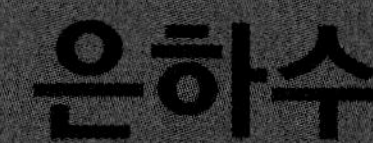

 **태양**

    지구는 우주에 존재하는 무한한 태양계 중 하나인, 간단히 말해 '태양계'라는 곳에 위치해 있다. 모든 태양계의 중심에는 하나의 별이 있는데, 그것을 '태양'이라고 한다.

    **태양은 전체가 기체**로 이루어져 있는데 대부분 자성에 민감하며 이것을 플라스마라고 한다. 태양을 이루는 두 가지 주요 화학적 요소는 **수소**(덩어리 72%)와 **헬륨**(26%)이다. 태양의 에너지는 중심부 안에서 핵융합 과정을 거쳐 생성된다. 두 개의 핵이 결합하여 하나의 핵을 이루는 핵융합은 핵물질을 에너지로 전환시킨다. 태양의 표면 온도는 5,500℃이고, 중심부는 1500만°K (켈빈온도)를 넘는다.

    태양계 질량(99.8%)의 대부분을 차지하고 있는 태양의 질량은 지구 질량의 33만 배로, 코끼리 네 마리와 테니스공의 질량으로 비교할 수 있는 오차범위이다. 태양의 크기는 지구의 109배로, 축구경기장 코트 중앙의 원과 코트 중앙에 놓인 공으로 비유할 수 있다. 태양의 부피는 지구의 130만 배에 이른다.

---

**지식 충전소**

햇빛은 지구까지 도착하는 데 8분밖에 걸리지 않는다. 즉 모닝커피를 마시기 위해 뜨거운 물을 따를 때 부엌을 비추는 빛은 당신이 주전자의 물을 끓이기 전에 태양에서 출발한 것이다.

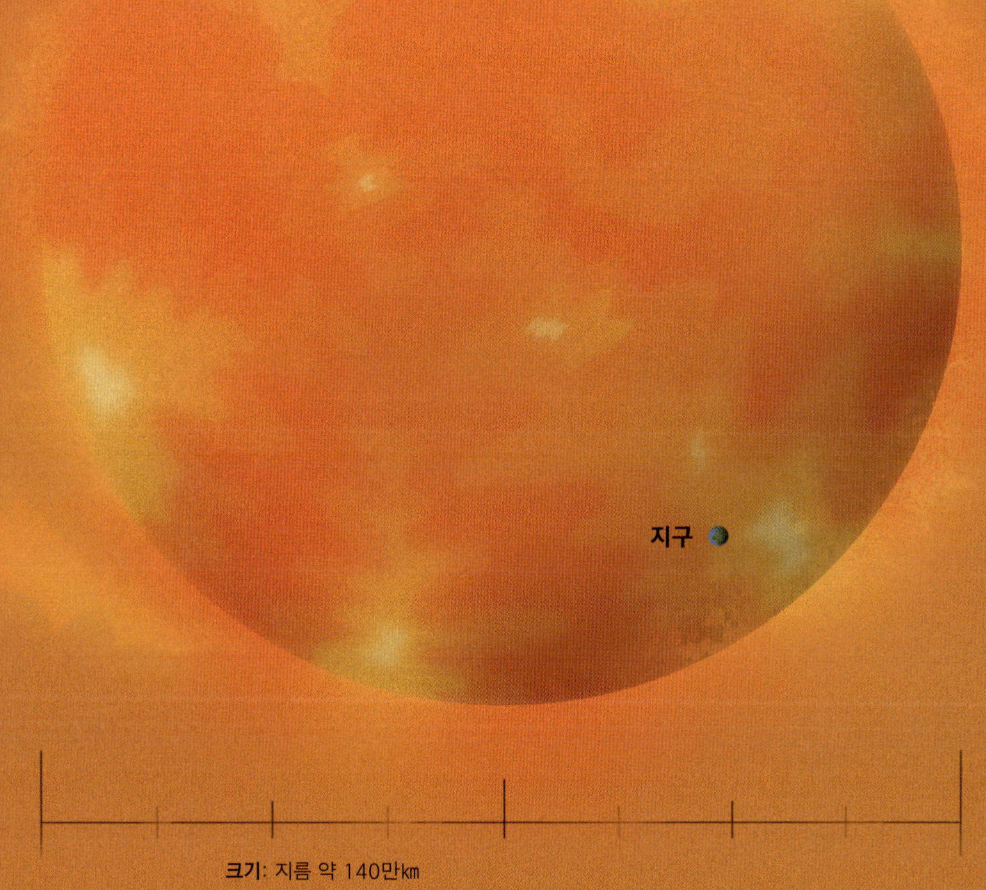


**크기**: 지름 약 140만km
**구성 요소**: 수소(덩어리) 72%, 헬륨 26%, 산소 1%, 탄소 0.4%

 **밤하늘**

　맑은 날 밤하늘을 올려다보면 머나먼 우주공간에 무수히 많은 별들이 환하게 빛나는 것을 볼 수 있다. 대부분의 별들이 서로 몇 광년씩이나 떨어져 있음에도 불구하고 이 별들의 상대위치가 항상 동일하기 때문에 수많은 세월 동안 천문학자들은 그들을 하나의 별자리로 묶어왔다.

　이렇게 전혀 관련이 없는 점들을 연결하기 좋아하는 시스템에서 창조된 별자리는 사람들에게 공감을 얻으면서 쉽게 인정받았다. 예를 들어 사람들의 눈에 익은 쟁기나 큰 국자처럼 생긴 별자리는 큰곰자리, 즉 북두칠성의 일부를 나타냈다. 오리온, 즉 사냥꾼과 그의 허리띠는 또 다른 그룹으로 묶여서 육안으로도 쉽게 알아볼 수 있었다.

　초기의 천문학자들은 평평한 지구 위에서 하늘이 회전하고 있다고 생각했다. 이런 믿음은 고대 그리스에서 **지구가 둥근 구**의 형태를 띠고 있다는 것을 측정한 기원전 570년까지 계속되었다. 천체에 대한 연구는 매우 오래전에 태양과 달과 그들의 위치가 계절과 어떤 관련이 있는지에 대한 의문에서부터 시작되었다. 이것은 곧 밤하늘에 대한 연구로 이어졌고, 마침내 오늘날 우리가 알고 있는 **천문학으로까지 확대**되었다.

　지구가 지축을 중심으로 자전하고 태양의 둘레를 공전하고 있음에도 불구하고, 어떤 별들은 북반구에서 볼 수 없고, 또 어떤 별들은 남반구에서 볼 수 없다. 만약 남극에서 출발하는 선을 떠올리면서 북극에서 똑바로 총을 쏜다면 그 끝에는 우리가 **북극성**이라고 부르는 별이 있을 것이다. 지구의 자전 중에도 별은 움직이지 않으면서 다른 별들이 이 별의 둘레를 도는 것처럼 보인다.

---

**지식 충전소**

차갑게 냉각되어 결정화된 BPM37093은 엄청나게 큰 다이아몬드로 이루어진 별이다. BPM37093은 지구에서 50광년이나 떨어져 있으며 지름은 4,000㎞ 정도이다. 이 별의 별명인 루시는 비틀즈의 노래 '다이아몬드를 가진 하늘의 루시Lucy in the Sky with Diamonds'에서 따온 것이다.

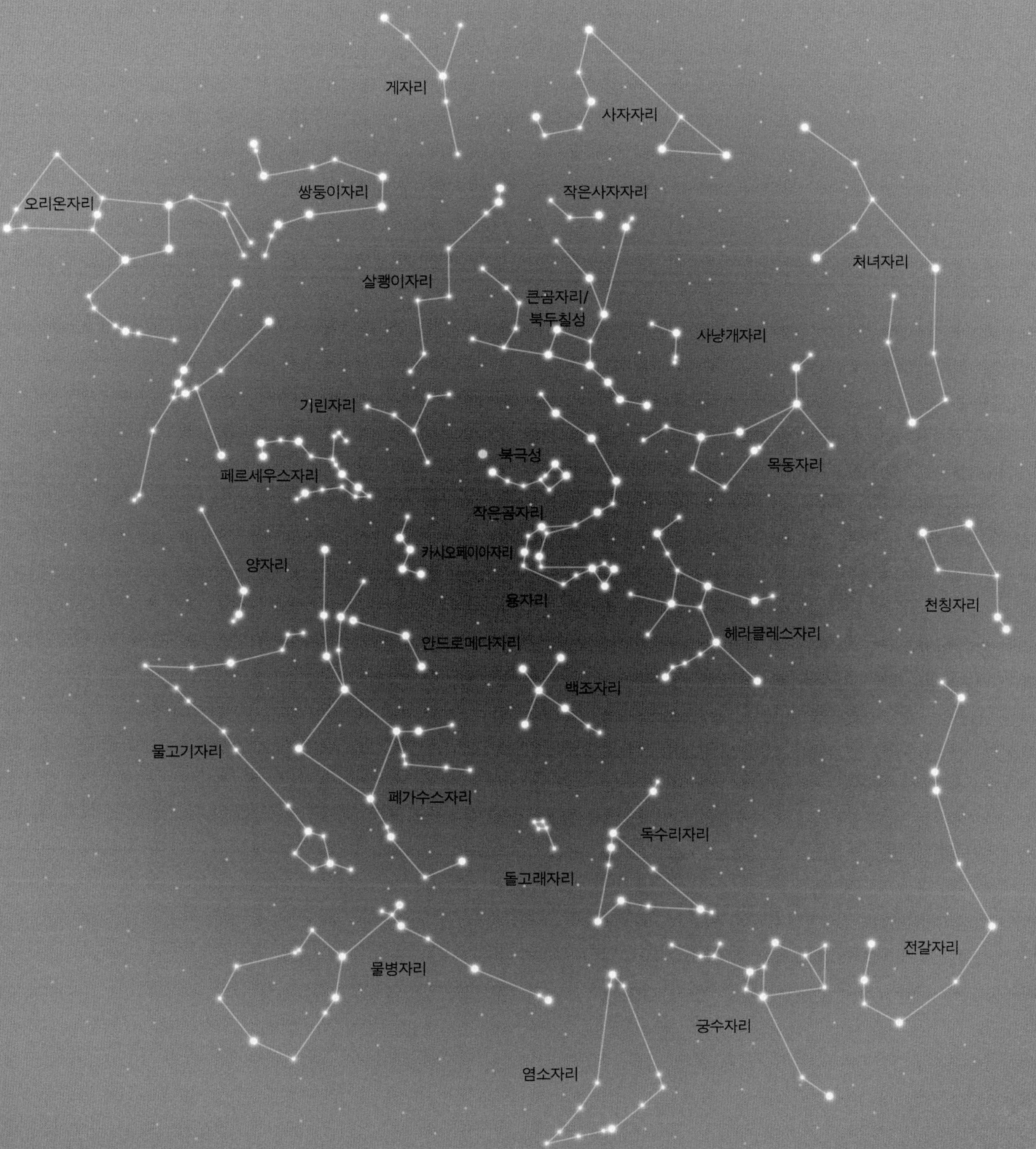
게자리
사자자리
작은사자자리
쌍둥이자리
오리온자리
처녀자리
살쾡이자리
큰곰자리/
북두칠성
사냥개자리
기린자리
북극성
목동자리
페르세우스자리
작은곰자리
양자리
카시오페이아자리
용자리
천칭자리
안드로메다자리
헤라클레스자리
백조자리
물고기자리
페가수스자리
독수리자리
돌고래자리
전갈자리
물병자리
궁수자리
염소자리

 **태양계**

지구의 1년은 왜 365일일까? 더 정확히 말하면, 지구의 1년은 왜 365.25일이나 되는 것일까?

지구가 태양의 둘레를 한 바퀴 도는 데 **365.25일**이 걸린다. 이것을 1년이라고 한다. 그렇다면 하루는 어디에서부터 잰 것일까? 지구가 축을 중심으로 완벽하게 한 바퀴 회전하는 데 24시간이 걸린다. 이것을 자전이라고 한다. 즉 지구가 하루 동안 회전하는 것이 자전이고 1년 동안 태양의 둘레를 도는 것이 공전이다. 다른 행성들은 어떨까?

태양에서 지구보다 더 멀리 있는 행성은 지구보다 공전하는 시간이 더 오래 걸리므로 1년이 더 길 것이다. 명왕성은 원근법상 지구보다 멀리 있다. 만약 지구가 태양에서 명왕성보다 더 멀리 있다면 현재 지구의 시간은 영국에서 조지 왕 3세가 왕좌를 물려받았던 1763년이 될 것이다.

하루의 길이는 어떻게 될까? 큰 바퀴와 작은 바퀴가 있는 자전거로 달려 보면 작은 바퀴가 좀 더 빨리 회전하는 것을 알 수 있다. 놀랍게도 극히 상식적인 이 원리가 행성의 경우에는 통용되지 않는다. **큰 행성의 자전이 더 빠르기** 때문이다.

---

**지식 충전소**

진짜 이상한 것이 있다. 금성이 태양의 둘레를 도는 공전 주기는 거의 225일인데, 자전 주기는 243일이다. 이것은 무슨 뜻일까? 쉽게 말해 금성의 1일은 1년보다 더 길다.

**태양의 둘레를 도는 공전 주기**(1년)

− 지구 대비

 # 다른 행성의 생명체

우주에 얼마나 많은 행성이 존재하는지는 아무도 알 수 없지만, 우리 태양계의 구조로 본다면 수조 개는 있을 것으로 추정하고 있다. 우리 태양계에는 8개의 행성이 있고 그중 하나에는 분명 생명체가 살고 있다. 8분의 1은 다른 곳에도 생명체가 존재할 높은 확률을 나타낸다. 만약 900만 개의 행성 중 지구가 유일하게 생명체가 존재하는 행성이라고 해도, 그 수치는 **우주 어딘가에 생명체가 존재**할 것이라고 예상하는 데 충분한 수치이다.

은하계 사이의 거리는(심지어 태양계만이라고 해도) 너무 멀어서 두 생명체가 서로를 우연히 찾아낸다는 것은 기적에 가깝다고 할 수 있다. 이것은 마치 마이애미 해변의 모래알 한 알을, 코파카바나 해변에 던진 뒤 다시 찾는 것이나 마찬가지이다.

그 밖에 재미있는 점은, 특히 픽션에서 우리는 항상 머나먼 행성에 사는 인간보다 지적인 외계생명체가 우리를 찾아올 것이라고 추정한다는 것이다. 어딘가에 생명체가 존재하지 않는다는 것은 상상도 할 수 없는 일이지만, 우리 인류가 가장 월등하지 않은 생명체라고 볼 이유는 없다. 만약 우주에 있는 모든 것이 빅뱅에서 시작되었고, 그래서 **생명체를 발달시킬 능력**이 있는 행성이라면 오랜 시간에 걸쳐 생명체를 만들어냈을 것이다. 이런 모든 것을 감안해서 머나먼 우주 저 멀리에 생명체가 존재할 확률은 있겠지만 우리는 그것을 찾아내지 못할 것이다.

---

**지식 충전소**

1961년 천체물리학자 프랭크 드레이크 Frank Drake(1930~)는 드레이크 방정식을 만들어냈다. 현재 과학계에서는 이 방정식을 우리 은하계에 존재하는, 드넓은 우주공간을 건너오기에 충분할 만큼 기술적으로 발달된 외계 지성체의 수치를 계산하는 수학 공식으로 인정하고 있다. 방정식은 다음과 같다.

$$N = R * f_p \, n_e \, f_l \, f_i \, f_c \, L$$

드레이크 박사는 우리 '지역'의 은하수에 문명화된 외계생명체의 가능성을 1만 개 정도로 추측했다.

**외계 생명체가 존재할 확률**

미국의 천문학자이자 우주학자 칼 세이건은 다음과 같이 계산했다.
고등생명체의 존재확률 = 행성수 × 변수 × 변수 × …
– 수천억 조분의 1 또는 $10^{33}$일 것이다.

 **지구**

우리 태양계는 은하수의 오리온 팔 안쪽에 위치해 있다. 태양계에는 여덟 개의 행성이 있지만 15개 이상으로 볼 수도 있다. 행성에 대한 정의가 발달하면서 행성의 기준이 달라졌기 때문이다.

2006년 8월에 열린 국제천문학 연합회 총회에서는 행성의 정의에 대하여 다음과 같은 새로운 개념이 결의되었다.

(1) 행성은 (a) 태양을 중심으로 하는 궤도를 갖는다, (b) 원형 형태를 유지할 수 있는 중력을 가질 수 있도록 충분한 질량을 갖는다. (c) 행성 자신의 공전 궤도 상에 있는, 자신보다 작은 이웃 천체를 없앨 정도가 되어야 한다.

**금성**Venus

태양으로부터의 거리: 1억 800만km
지름: 12,107km
중력(지구 대비): 0.88배
자전주기(지구의 하루 기준): 243.16일
속도: 시속 2.07km

금성의 하루는 1년보다 길다.

**화성**Mars

태양으로부터의 거리: 2억 2800만km
지름: 6,794km
중력(지구 대비): 0.37배
자전주기(지구의 하루 기준): 1.0256일
속도: 시속 276.02km

올림푸스 화산은 태양계에서 가장 큰 화산으로 알려져 있다.

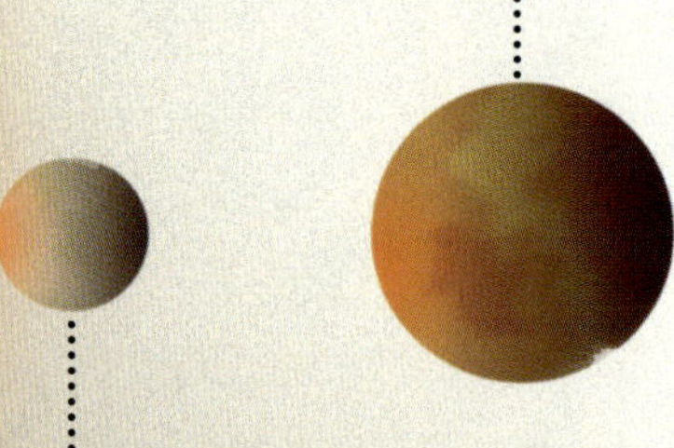

**수성**Mercury

태양으로부터의 거리: 5800만km
지름: 4,876km
중력(지구 대비): 0.38배
자전주기(지구의 하루 기준): 58.6461일
속도: 시속 3.46km

주로 철 성분으로 이루어진 수성은 태양계에서 두 번째로 가벼운 행성이다.

**지구**Earth

태양으로부터의 거리: 1억 5000만km
지름: 12,755km
중력(지구 대비): 1배
자전주기(지구의 하루 기준): 0.9972일
속도: 시속 531.45km

**목성**Jupiter

태양으로부터의 거리: 7억 7800만km
지름: 142,983km
중력(지구 대비): 2.4배
자전주기(지구의 하루 기준): 0.4131일
속도: 시속 14,421.75km

목성의 대적점은 200년이 넘도록 맹렬하게 불고 있는 거대폭풍이다.

결의안의 두 번째 부분은 다음과 같다.

(2) 왜소행성은 (a) 태양을 중심으로 하는 궤도를 갖는다, (b) 원형 형태를 유지할 수 있는 중력을 가질 수 있도록 충분한 질량을 갖는다. (c) 그 궤도 주변에서 다른 천체를 흡수하지 못한다. (d) 다른 행성의 위성이 아니어야 한다.

명왕성은 현재 행성의 지위를 잃고 **왜소행성**으로 분류되어 있다.

**토성** Saturn

**태양으로부터의 거리:** 14억 3300만km
**지름:** 120,536km
**중력(지구 대비):** 1.07배
**자전주기(지구의 하루 기준):** 0.4257일
**속도:** 시속 11,797.82km

토성의 위성 타이탄은 수성보다 더 크다.

**해왕성** Neptune

**태양으로부터의 거리:** 44억 9500만km
**지름:** 49,527km
**중력(지구 대비):** 1.19배
**자전주기(지구의 하루 기준):** 0.6784일
**속도:** 시속 3,041.9km

해왕성은 천왕성의 중력에 영향을 받아 궤도가 불안정하게 흔들리는 섭동작용 때문에 발견되었다.

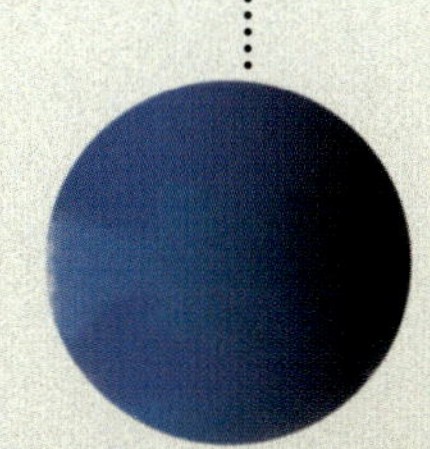

**천왕성** Uranus

**태양으로부터의 거리:** 28억 7200만km
**지름:** 51,117km
**중력(지구 대비):** 0.9배
**자전주기(지구의 하루 기준):** 0.7166일
**속도:** 시속 2,972.2km

다른 행성과 달리 천왕성은 자전축이 누워 있는 형태로 자전한다.

 **혜성 그리고 충돌**

　지구는 1년에 한 바퀴씩 태양의 둘레를 공전하면서 1초에 30만km의 속도로 우주공간을 돌진한다. 공전궤도로 보면 9억 4000만km에 이르는 거리이다. 무한하게 뻗어 있는 드넓은 공간을 매우 빠르게 이동하기 때문에 이따금 지구의 진로에 뭔가가 나타나거나 충돌하는 것은 충분히 예상가능한 일이다.

　매년 1,000개 이상의 운석이 지구에 떨어지는데 대부분의 운석은 매우 빠른 속도로 지구의 대기권을 통과하면서 타버리지만, 간혹 거대한 운석은 그대로 통과한다. 대부분의 운석은 바다에 떨어지며 땅에 떨어지는 운석의 크기는 10m를 넘지 않는다.

　NASA에서는 지구에 충돌할 가능성이나 위험성을 24시간 감시하는 SENTRY라는 **모니터링 & 경고 시스템**을 개발했다. SENTRY는 최대 100년 뒤에 다가올 지구근접물체[Near Earth Objects, NEOs]의 경로를 모니터링하여 좌표를 나타내는 자동시스템이다. 만약 이런 물체가 나타나 **토리노 스케일** 상 큰 위험성을 기록한다면, 바라건대 대처할 충분한 시간이 있을 것이다.

---

**지식 충전소**

현재까지 관찰되고 확인된 주요 충돌로는 퉁구스카 대폭발이 있다. 이 사건은 1908년 6월 30일 중앙 러시아에서 일어났는데 수많은 사람들이 목격했음에도 불구하고 운석이라는 명확한 단서는 발견되지 않았다.

**10 충돌 확실**

충돌 확실. 대재앙적인 기후 이변이 일어나 우리가 아는
문명세계의 존속에 위협이 된다. 10만 년에 한 번꼴로 일어난다.

**9 충돌 확실**

충돌 확실. 육지에서는 충돌로 인한 대대적인 파괴가 일어나고,
근해에서는 거대한 쓰나미가 발생할 것이다. 10만 년에 한 번 꼴로 일어난다.

**8 충돌 확실**

충돌은 확실. 육지에서는 충돌로 인한 국지적 파괴가 일어나고
연안에서는 쓰나미가 일어날 것이다. 수천 년에 한 번꼴로 발생한다.

**7 위협**

전례 없는 거대한 물체의 근접조우로
세계적인 대재앙 발생 우려가 있다.

**6 위협**

거대물체에 의한 근접 조우로 지구 규모의 대재앙 발생 가능성이 있다.
향후 30년 이내 발생 예정이라면 정부는 비상사태대책을 경고할 것이다.

**5 위협**

위협적인 근접조우로 지역적으로 황폐해질 위험성이 있지만 발생 여부는 불확실
하다. 향후 10년 이내 발생 예정이라면 정부는 비상사태대책을 경고할 것이다.

**4 천문학자들의 주의 필요**

충돌하여 광역적으로 파괴될 가능성은 1% 이상.
10년 이내 발생 예정이라면 공공기관에서도 주의해야 한다.

**3 천문학자들의 주의 필요**

충돌하여 국지적인 파괴가 일어날 가능성은 1% 정도.
10년 이내의 근접 조우라면 공공기관에서도 주의해야 한다.

**2 천문학자들의 주의 필요**

지구와의 접근거리가 다소 가까운 물체 발견.
실제로 충돌 가능성은 거의 없다.

**1 보통**

지구 근처를 지날 것으로 예상되는 천체가 발견되지만 영향을
미치거나 위험성은 거의 없는 수준의 일상적인 발견이다.

**0 위험성 없음**

충돌 가능성 제로

 **쉽게 이해하는 지구의 탄생-4단계**

성경에서는 지구와 지구 속과 위, 주변에 있는 모든 것을 7일(만약 휴식이 필요한 일곱 번째 날을 무시한다면 6일이겠지만) 동안 만들었다고 암시하고 있다. 하지만 과학적 연구에 의하면 사실상 이보다는 '조금 더' 걸린 것으로 보인다.

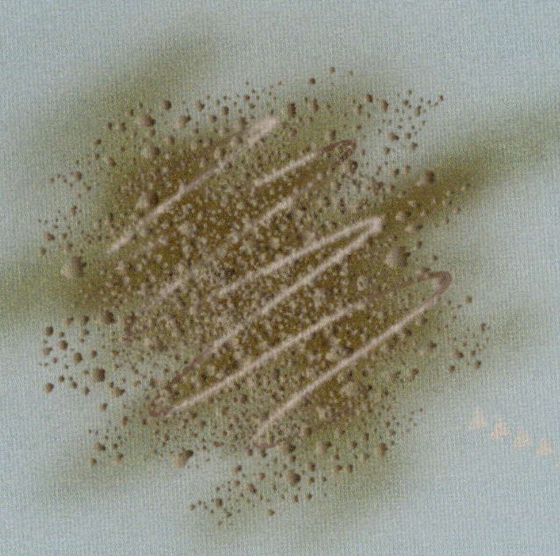

**1단계**

지구와 태양, 그리고, 태양계의 다른 행성들은 46억 년 전 가스와 먼지로 이루어진 성운에서 중력의 힘 덕분에 서서히 층이 증가하면서 형성되었다.

**2단계**

45억 년 전에서 10억 년 전 사이에 지구는 차갑게 냉각되어 즉각적인 물의 증발을 막았고, 이는 지금까지 유지되고 있다. 지구에 생성된 엄청난 양의 바닷물은 우주공간을 가로질러 지구 표면에 충돌한 혜성이 싣고 온 것으로 보고 있다. 이 시기에 광합성 작용이 가능해졌다.

## 3단계

약 5억 년 전 현재 지구상에 흔적이 남아 있는 식물 형태가 나타났고 식물의 존재는 더 많은 산소를 발생시켰다. 이때부터 생명이 확산되었고 공룡이 등장해 지구를 지배하기 시작했다. 판게아라는 거대한 하나의 초대륙으로 시작되었던 이 시기는 판게아가 몇몇 대륙으로 분리되면서 끝이 났다. 6500만 년 전, 거대운석이 지구와 충돌하면서 대부분의 생물이 멸종했다. 지구는 공룡을 잃은 대신 인간을 얻었다.

## 4단계

현재. 공룡이 멸종한 후 모든 소동은 끝이 났다. 글자 그대로 이 시기는 인간의 초기 발생 준비 단계였다. 요점은 지구가 탄생하여 인간이 만들어지기까지 6일보다는 아주 조금 긴, 40억 년이라는 시간이 걸렸다는 것이다.

# 제2장

# 우리가 사는 세상

 **지구의 구조와 구성 요소**

학교에서 과학을 배우는 학생들은 지구의 표면이 대부분 물로 덮여 있다는 사실을 알고 있다. 실제로 지구 표면을 덮고 있는 물의 비율은 71% 이하이고 육지는 29%에 해당된다. 지표면의 면적은 5억 1000만㎢이고, 육지의 면적은 1억 4900만㎢이다.

위의 내용은 지구의 표면에 대한 정보에 불과하다. 그렇다면 지하세계는 어떨까? 지구는 다섯 층으로 이루어진 골프공처럼 생겼다. 지구의 가장 바깥쪽을 덮고 있는 지각층을 파내려 가면 **상부맨틀**에 도달한다. **지각**은 약 50㎞ 두께인데 위치에 따라 약간씩 달라서 대양 아래의 지각 두께가 가장 얇다. 지각 아래의 땅이 **화강암**, **현무암**, **섬록암**으로 이루어져 있는 데 반해 대양저의 지각은 대부분 현무암으로 이루어져 있다.

상부맨틀은 철과 규산마그네슘으로 구성되어 있으며 두께는 약 400㎞에 이른다. 상부맨틀과 지각 사이에는 지진파가 이동할 때 지각이나 맨틀보다 속도가 더 빨라지는 **모호로비치치 불연속면**(모호면이라고도 한다)이 있다.

단단한 고체로 이루어져 있는 상부맨틀 밑에는 액체로 되어 있는 하부맨틀이 있다. 이 **하부맨틀**의 두께는 거의 3,000㎞에 이르며 외핵까지 이어져 있다.

**외핵**은 철과 니켈이 주성분인 액체 용암으로 이루어져 있으며 평균온도가 5,000℃에 이른다. 외핵에 둘러싸여 있는 **내핵**은 단단한 철과 니켈로 이루어져 있으며 태양의 표면만큼이나 온도가 높다.

---

지식 충전소

우리가 딛고 있는 발밑에 관한 대부분의 정보는 지진조사에 바탕을 둔 추측일 뿐이다. 지각을 뚫어서 맨틀까지 도달한 사람은 지금까지 아무도 없다. 땅속 깊은 곳으로 들어갈수록 온도가 올라가기 때문에 암석의 밀도가 증가하는데, 우리에게는 이것에 대처할 장비나 시설이 준비되어 있지 않다.

**맨틀**

암석과 용암이 아닌 것으로 이루어진 지구의 층 중 가장 두꺼운 층으로 약 2,900㎞ 두께이다. 맨틀은 지구 부피의 약 84%를 차지한다. 상부맨틀과 하부맨틀의 경계는 지표면의 약 750㎞ 아래에 놓여 있다.

**지각**

지각은 뜨거운 내핵에서 가장 멀리 떨어져 있는 층이다. 암석과 토양, 해저로 이루어져 있으며 대양 아래는 8㎞, 대륙 아래는 50㎞ 두께이다.

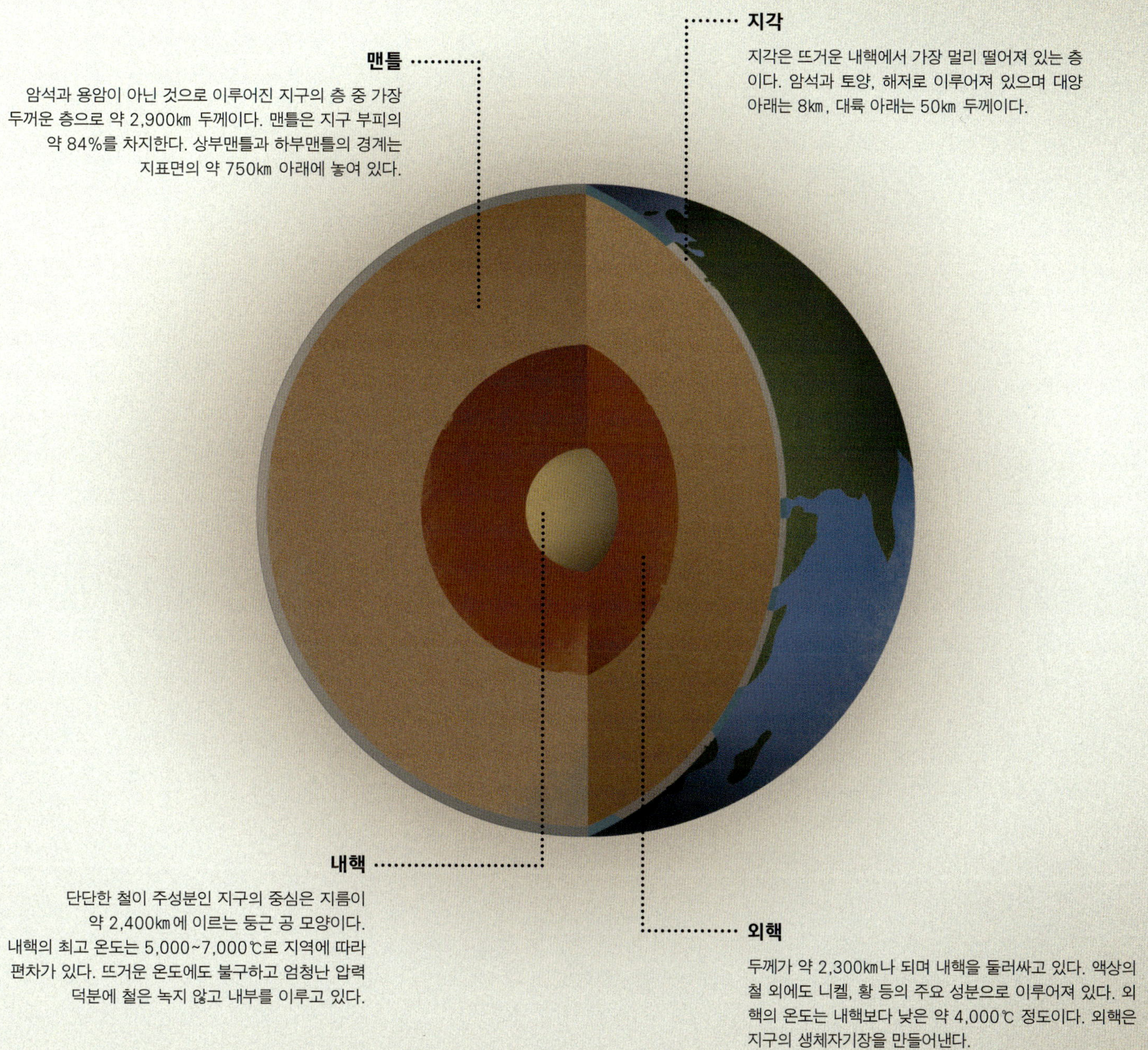


**내핵**

단단한 철이 주성분인 지구의 중심은 지름이 약 2,400㎞에 이르는 둥근 공 모양이다. 내핵의 최고 온도는 5,000~7,000℃로 지역에 따라 편차가 있다. 뜨거운 온도에도 불구하고 엄청난 압력 덕분에 철은 녹지 않고 내부를 이루고 있다.

**외핵**

두께가 약 2,300㎞나 되며 내핵을 둘러싸고 있다. 액상의 철 외에도 니켈, 황 등의 주요 성분으로 이루어져 있다. 외핵의 온도는 내핵보다 낮은 약 4,000℃ 정도이다. 외핵은 지구의 생체자기장을 만들어낸다.

 **대기**

지구의 대기는 어디에서 끝이 날까?

지구를 둘러싸고 있는 대기는 기체로 이루어져 있
으며 중력에 의해 유지된다. **다섯 개의 주요 대기층**은
다음과 같다.

### 대기층과 고도의 근사치

**외기권** ·····································
약 500km

**열권** ·····································
85~500km
대기의 100km 지점에 존재하는 카르만선(Karman Line)은
지구 대기와 우주공간 사이의 경계선으로 규정되어 있다.

**중간권** ·····································
50~85km
중간권은 항공기가 비행할 수 있는 최대고도 위에 있다.

**성층권** ·····································
11~50km
약 36km까지 기상관측기구가 올라간다.

**대류권** ·····································
지표~11km
민간 항공기가 대류권 끝 지점에서 비행한다.

---

#### 지식 충전소

약 1만 9,000km의 고도에서는 인간의 체온으로도 물이 끓을 만큼 대기압이 낮아
진다. 즉 이 고도에서는 인간의 눈물이나 침 같은 체액이 끓기 시작한다. 이 한계
를 암스트롱 리미트라고 하는데 우리가 잘 알고 있는 우주비행사 닐 암스트롱[Neil
Armstrong]이 아닌 우주의학의 선구자 해리 암스트롱[Harry Armstrong](1899~1983)의 이
름에서 딴 것이다.

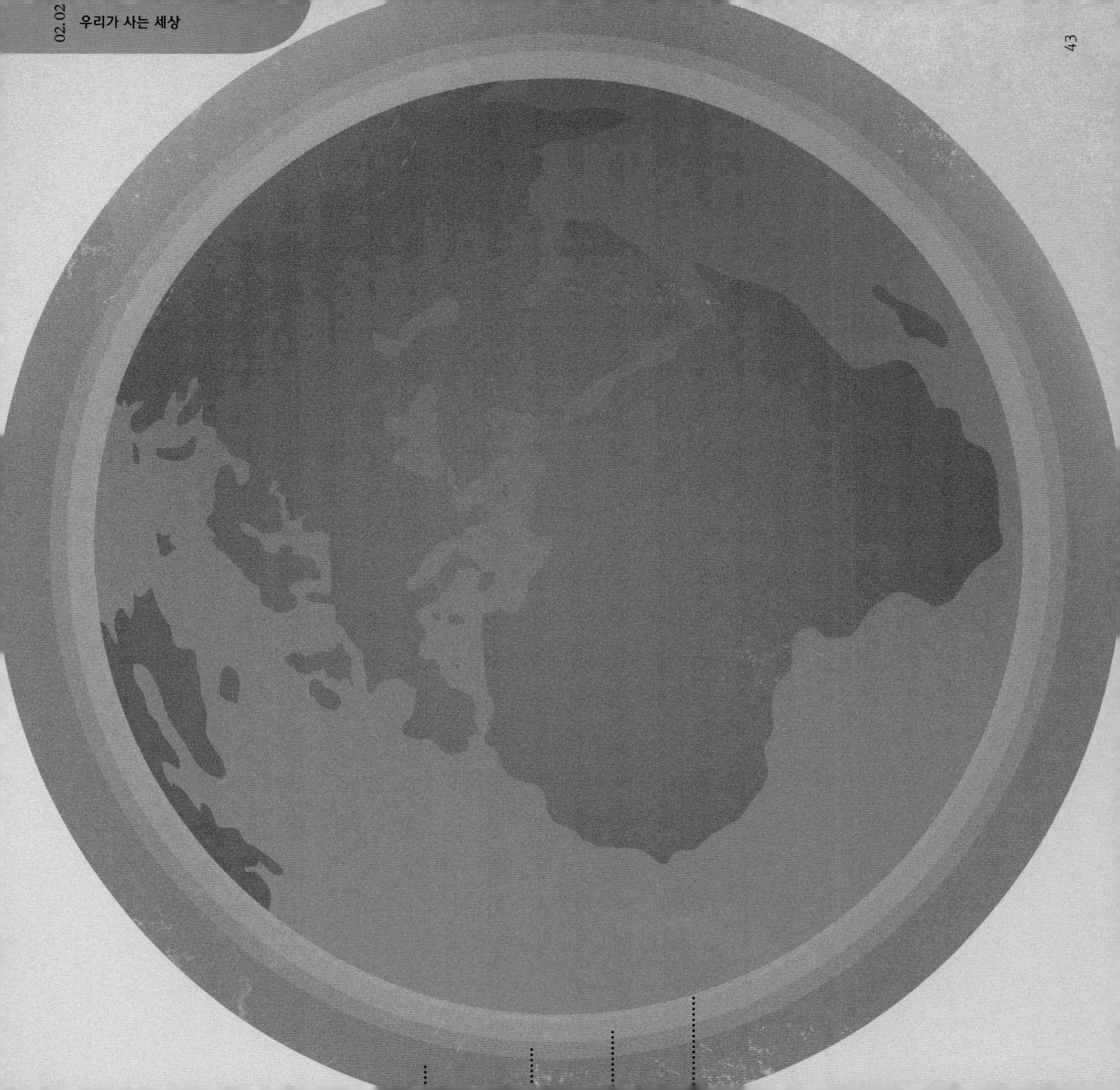

 **대륙**

현재 지구에는 아프리카, 아메리카, 남극 대륙, 아시아, 오스트레일리아와 오세아니아(두 대륙이지만 항상 하나로 묶인다), 유럽 등의 7대륙이 존재한다. 2억 5000만 년 전에는 **판게아**라는 하나의 초대륙이 존재했다.

대륙이 존재하는 이유는 지구의 상부 지각인 암석권이 지질구조판으로 분리되어 있기 때문이다. 이 판들이 떠 있기 때문에 시간의 경과에 따라 대륙의 위치가 변하는 것이다. 이것을 '대륙이동'이라고 하는데 움직임이 제각각이기 때문에 예측하기가 어렵다. 어찌 되었든 **판구조론**이 받아들여지면서 대륙이 움직이는 주요 원인을 다음의 네 가지로 분석하고 있다. 그것은 상부맨틀의 대류전류, 중력, 지구의 회전, 그리고 이들의 조합이다.

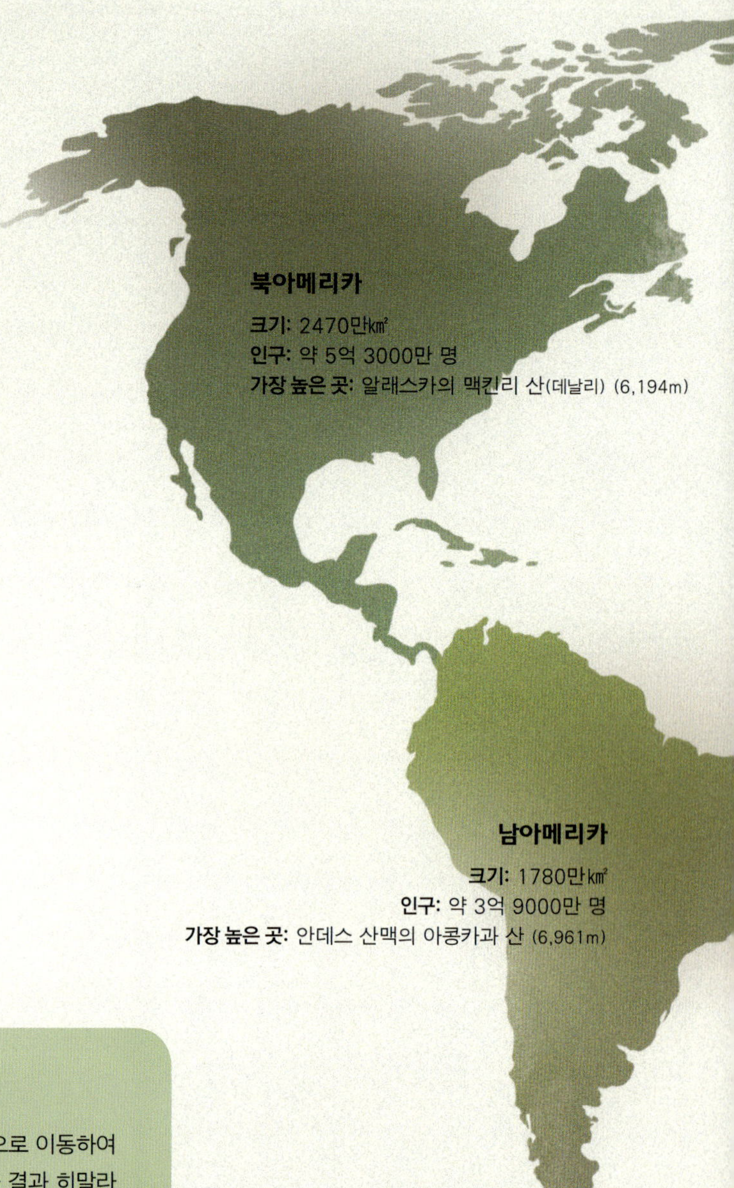


**지식 충전소**

인도는 아시아의 나머지 지질구조판과 분리되어 있다. 인도판은 북쪽으로 이동하여 유라시아판과 격돌했는데, 5500만 년 전에 일어났던 이 두 판의 충돌 결과 히말라야 산맥이 형성되었다.

**유럽**

크기: 2300만㎢
인구: 약 7억 2800만 명
가장 높은 곳: 엘부르스 산(5,624m)

**아시아**

크기: 4970만㎢
인구: 약 40억 명
가장 높은 곳: 에베레스트 산(8,848m)

**아프리카**

크기: 3020만㎢
인구: 약 8억 8500만 명
가장 높은 곳: 킬리만자로 산(4,602m)

**오스트레일리아**

크기: 860만㎢
인구: 약 3300만 명
가장 높은 곳: 푼착자야 산(4,884m)

**남극 대륙**

크기: 1400만㎢
인구: 약 0명
가장 높은 곳: 빈슨 산(4,892m)

 # 우리가 숨 쉬는 대기

간단히 설명하면 우리가 이산화탄소를 내뱉으면 나무나 식물이 그것을 들이마시고, 이산화탄소를 들이마신 식물이 내뱉은 산소를 우리가 들이마시는 과정이 반복된다. 이 덕분에 우리는 숨을 쉬고 살아갈 수 있는 것이다.

놀라운 것은 지구의 대기 중에서 이 시스템은 균형을 이루고 있으며 매우 안정적이라는 사실이다. 이것은 지구가 놀라울 정도로 **자기조정체계**를 갖고 있음을 보여준다. 지구상에 수많은 생물체가 증가했음에도 불구하고 대기 중의 산소량은 낮아지지 않고 여전히 완벽하게 균형을 유지하며 지구의 생물들을 지원하고 있다.

> **지식 충전소**
>
> 보통 숨 쉬는 것에 대해 생각하지 않지만 우리는 깨끗한 공기의 혜택을 받고 있다. 세계보건기구World Health Organization는 한해에 200만 명 정도가 공기오염 때문에 사망하는 것으로 추정하고 있다.

# 질소 78.084%

**기타**

| | |
|---|---|
| 네온 | 0.001818% |
| 메테인 | 0.0002% |
| 헬륨 | 0.000524% |
| 크립톤 | 0.000114% |
| 수소 | 0.00005% |
| 제논 | 0.0000087% |
| 오존 | 0.000007% |
| 질소산화물 | 0.000001% |
| 일산화탄소 | 미량 |
| 암모니아 | 미량 |

 # 날씨

　100%는 아니지만 흥미롭게도 우리가 예측할 수 있는 날씨를 만들
어내는 장본인은 계절이다. 계절이 생기는 이유는 지구가 태
양의 둘레를 공전하고, 지구의 축이 **약간 기울어져** 있
기 때문이다.

　이 두 요인으로 인해 1년 동안 특정 위치에
서 받는 햇빛의 양이 매일 달라진다. 이 요인
들이 온도에 영향을 미치기 때문에 날씨가 변하는 것이다. 양극 간
의 기온 차이는 **적도**에 가까워질수록 작아진다.

　사계절이 오는 시기는 지구의 어느 위치에 있는지에 따라 다르다.
**북반구와 남반구에서는 서로 반대**의 시기에 같은 계절을 경험한다.

　여름은 햇빛이 가장 강하기도 하고 가장 길기도 하다. 겨울은 그 반대
이다. 겨울과 여름 사이에 봄이 와서 추위가 물러가면 땅은 따뜻해지기
시작한다. 여름이 지나 가을이 오면 여름에 피어났던 식물과 나무는 다시
시들기 시작한다. 꽃잎과 잎사귀가 시들면 땅에 떨어진다. 이런 기후의 변화
를 계절이라고 한다.

---

**지식 충전소**

닮은꼴 구름 찾기Nephelococcygia란 구름을 보고
비슷한 모양의 물체를 찾는 것을 뜻한다.

---

**가장 큰 눈송이**

38×20㎝
1887년 1월 28일, 미국 몬태나 주 포트 키오.

**1분 동안 가장 강우량이 많았던 곳**

31.2㎜
1956년 5월 4일,
미국 메릴랜드 주 유니온빌.

**1시간 동안 가장 강우량이 많았던 곳**

305㎜
1947년 6월 22일, 미국 미주리 주 홀트.

**가장 길었던 건기**

173개월
1903년 9월~1918년 1월, 칠레 아리카.

**무지개가 가장 오래 떠 있었던 시간**

6시간
1994년 3월 14일, 영국 요크셔 주 웨더비.

**가장 기온이 높았던 기록**

57.8℃
1922년 9월 13일, 리비아 아지지야.

**사상자 수가 가장 많았던 토네이도**

1300명
1989년 4월 24일, 방글라데시 마니칸지

적도

**가장 무거웠던 우박**

1kg
1986년 4월 14일, 방글라데시 고팔간지

**하루 동안 가장 강우량이 많았던 곳**

1,825m
1966년 1월 7~8일, 라 레위니옹 폭폭

**가장 빠른 돌풍**

407km/h
1996년 4월 10일, 오스트레일리아 바로우 섬

**가장 낮은 온도**

-89.2℃
1983년 1월 21일, 남극 보스토크

 **지진의 위력**

리히터규모 상에서 1의 차이는 어느 정도의 강도 차이일까?

1935년 캘리포니아 기술연구소의 **찰스 리히터**Charles F. Richter(1900~1985)가 개발한 이 리히터규모는 지진의 규모를 각각 비교하여 나타낸 것이다. 1에서 10까지 나뉘었으며 진도 1이 가장 약하고 진도 10이 가장 세다. 진도 10의 지진은 아직까지 기록된 바가 없다. 리히터규모는 로그함수에 기초하고 있기 때문에 **진도 규모**가 1씩 커질수록 **진폭**의 강도는 10배씩 증가한다.

지진을 겪지 않은 운 좋은 사람들이 이해하기 쉽도록 지진의 규모를 다음과 같이 비교할 수 있지만, 어디까지나 비유일 뿐이지 같은 강도라는 것은 아니다. 진도 1의 지진이 어린아이에게 주먹으로 배를 맞는 정도라면 진도 2의 지진은 전성기의 마이크 타이슨에게 맞는 정도이다. 리히터규모의 진도의 강도는 이런 식으로 10배씩 커진다.

**지식 충전소**

지금까지 기록된 가장 강한 지진은 1960년에 칠레에서 일어난 지진이다. 진도 9.5의 이 지진으로 태평양을 가로지르는 거대한 쓰나미가 불어 닥쳤고, 하와이는 11m나 되는 파도로 황폐해졌다.

**진도 10**
인류 역사상 아직까지 기록되지 않은 파괴력.

**진도 9**
1960년 칠레 지진에 해당하는 (엄청난) 파괴력.

**진도 8**
2008년 쓰촨 지진에 해당하는 (심각한) 지진.

**진도 7**
2009년 자바 지진, 2010년 아이티 지진에 해당하는 (강한) 지진.

**진도 6**
인간 거주 지역에서 160㎞ 반경까지 황폐해지는 (중간) 정도의 지진.

**진도 5**
나가사키에 투하된 핵폭탄 급에 해당하는 (가벼운) 정도.

**진도 4**
작은 핵폭탄 급의 폭발력에 해당하는 (심각하지 않은) 정도.

**진도 3**
한 해에 4만 9,000여 건 정도 일어나는 (극소의 것으로) 추정.

**진도 2**
제2차 세계대전의 폭탄 폭발에 해당하는 정도.

**진도 1**
매일 8,000여 건 정도가 기록되는 미소지진.

 **화산**

　지구의 지각 밑에는 뜨거운 용암이나 **마그마**가 도사리고 있다. 다른 용액과 마찬가지로 마그마도 최소한의 저항 루트를 찾아 화산 형성에 영향을 미치는데, 이것은 보통 지질구조판의 경계에서 일어난다. 마그마가 길을 찾아낸 곳에서 **열점** ^hot spot 이라고 하는 지각 내의 수많은 구멍을 통해 화산이 형성된다.

　아주 오랜 시간대에 걸쳐 화산은 형성되었으며 각 시대마다 수많은 분출이 일어났던 것으로 보인다. 그중 현재 활동하는 많은 화산이 보통 1만 년에서 50만 년 전 사이에 형성된 것으로 보고 있다.

　일반적으로 화산은 **활화산**, **휴화산**, **사화산**으로 나뉜다. 사화산은 말 그대로 화산이 뒤덮여 다시 분출할 가능성이 없는 화산이다.

　활화산은 현재 분출하고 있거나 분출할 듯한 신호를 보이거나 지난 1만 년 사이에 분출했던 화산을 말한다. 분출이 모두 끝난 사화산처럼 보일지라도 분출 간격이 매우 길 수도 있기 때문에 신중하게 판단해야 한다.

　활화산과 휴화산의 차이는 불분명하다. 글자 그대로 휴화산은 언젠가 다시 분출할 것이기 때문이다. 현재로서는 분출할 가능성이 전혀 보이지 않는다고 해도 사화산만큼 안전하다고 확신할 수 없다.

**일반적으로 화산의 발달 과정은 다음과 같은 단계로 이루어진다.**

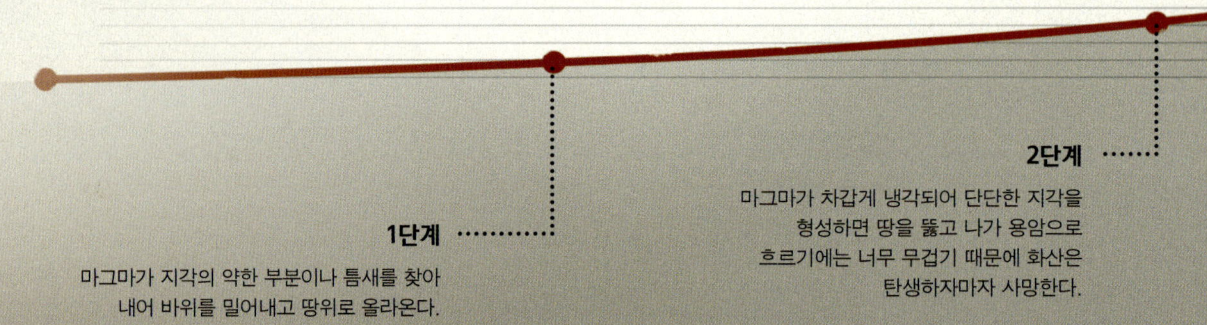

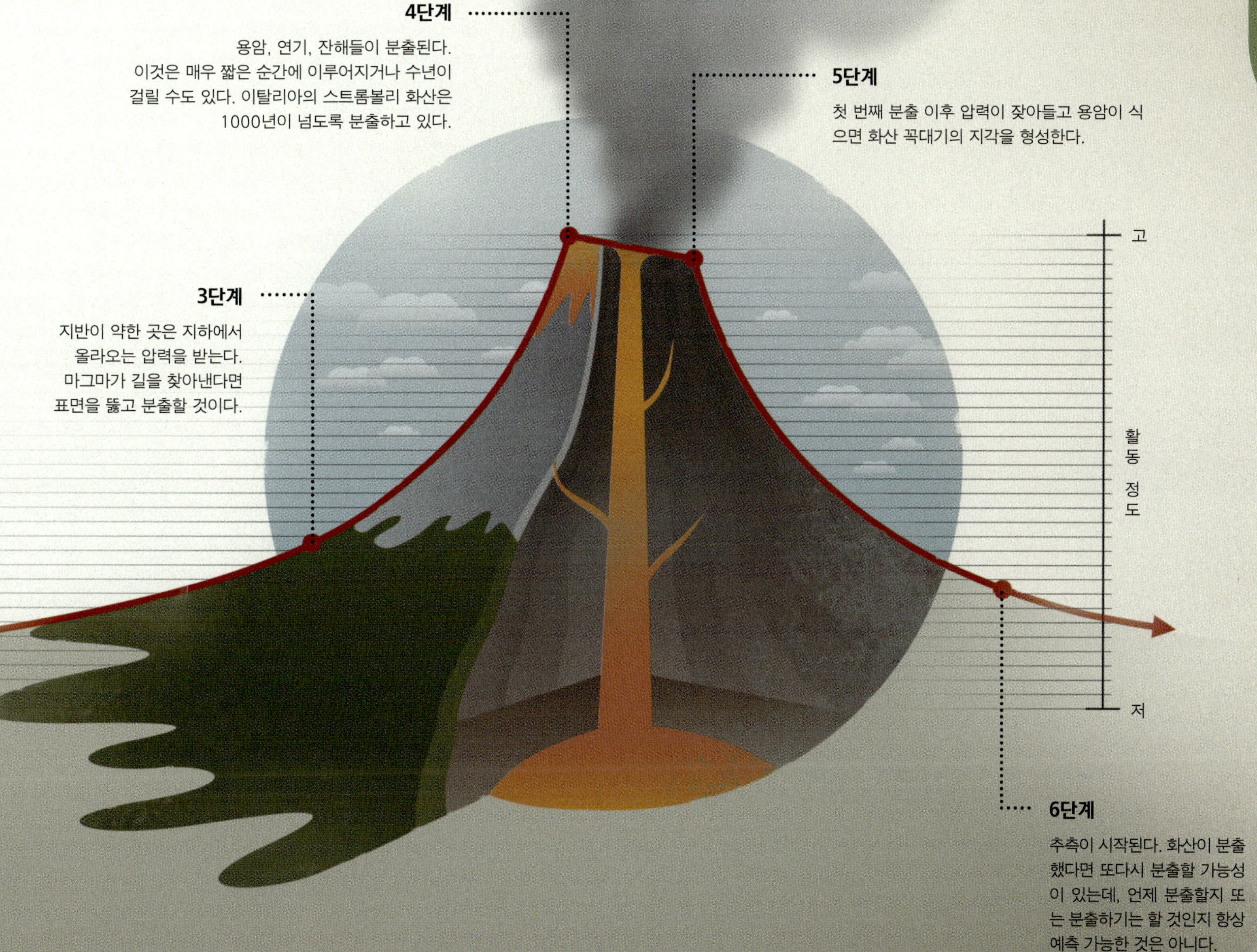
4단계
용암, 연기, 잔해들이 분출된다.
이것은 매우 짧은 순간에 이루어지거나 수년이
걸릴 수도 있다. 이탈리아의 스트롬볼리 화산은
1000년이 넘도록 분출하고 있다.

5단계
첫 번째 분출 이후 압력이 잦아들고 용암이 식
으면 화산 꼭대기의 지각을 형성한다.

3단계
지반이 약한 곳은 지하에서
올라오는 압력을 받는다.
마그마가 길을 찾아낸다면
표면을 뚫고 분출할 것이다.

고

활
동

정
도

저

6단계
추측이 시작된다. 화산이 분출
했다면 또다시 분출할 가능성
이 있는데, 언제 분출할지 또
는 분출하기는 할 것인지 항상
예측 가능한 것은 아니다.

 **해양 세계**

　우리는 태초의 생명체가 물에서 탄생했다는 것을 알고 있다. 처음 형성되었을 당시 지구는 건조하고 물도 습기도 없는 행성이었다. 그렇다면 이 물은 도대체 어디에서 온 것일까?

　46억 년 전, 지구에는 물이 도달하거나 만들어질 기회가 얼마든지 있었다. 오랫동안 사람들은 물이 담긴 얼음 혜성이 지구에 충돌하면서 지금 같은 대양의 형태가 된 것이라고 믿어왔다. 바다에서 나타나는 물의 화학적 특징이 우리가 알고 있는 혜성의 그것과 일치하는 것처럼 보였기 때문이다.

　그런데 현대에는 이 이론을 부정하고 있다. 최근에 이루어진 헤일밥혜성 연구에서는 지구의 물보다 훨씬 더 무거운 수소가 발견되었다. 그래서 우리 지구의 물이 혜성에서 단독으로 온 것이 아니라는 주장이 제기되고 있다. 지구의 물이 전적으로 혜성에서만 온 것은 아닐 것이라는 주장을 사건이라고 한다면, 이것은 아직 풀리지 않는 미스터리라고 할 수 있을 것이다.

**지식 충전소**

강물이 모여서 이루어지는 바닷물에는 짠 성분이 있다. 여러 곳에서 생성된 물은 이동하면서 강바닥에 있는 미미한 염분을 바다로 운반한다. 바다로 모인 물은 증발하여 사라지지만 염분은 그대로 남아 있기 때문에 바닷물이 짠 것이다.

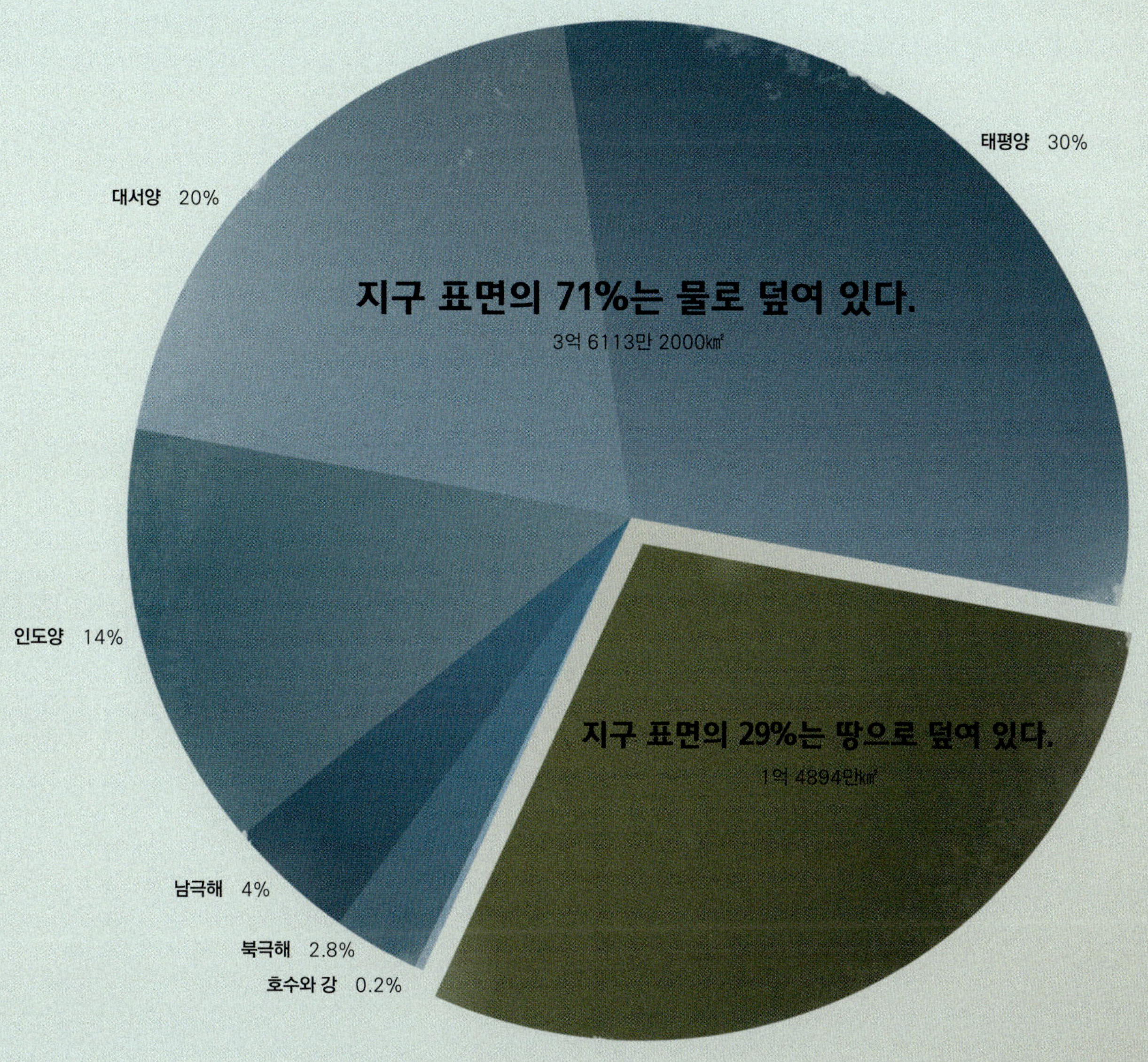
태평양  30%
대서양  20%
인도양  14%
남극해  4%
북극해  2.8%
호수와 강  0.2%
지구 표면의 71%는 물로 덮여 있다.
3억 6113만 2000㎢
지구 표면의 29%는 땅으로 덮여 있다.
1억 4894만㎢

 **물의 순환**

오늘날 지구상에 존재하는 물은 오랫동안, 지구에 생명이 나타난 것보다 좀 더 오랫동안 존재했다. 물의 순환은 **가장 효과적인 재활용 구조**를 띠고 있다. 물은 어떻게 해서든 바다로 돌아가는 길을 찾아내기 때문에 사이클은 결코 중단되지 않는다.

이 순환과정은 어떻게 이루어지는 것일까? 제일 먼저 태양이 바닷물을 데우면 **증발**이 일어난다. 이 과정에서 물은 액체에서 기체로 성질이 변해 하늘로 올라가고, 높이 올라갈수록 공기의 온도가 낮아진다. 기체가 식어 **응결**되면 다시 액체가 되어 구름 형태가 된다.

이 구름들이 모여 더 크고 무거워지다가 어느덧 한계에 이르면 더 이상 공기 중에 남아 있지 못하고 구름에 담겨 있던 물은 비가 되어 내린다. 이 비는 어디에 내리든 결국 강과 호수, 바다로 찾아들게 되고 순환 과정은 다시 시작된다.

물의 순환은 우리에게 식수를 제공하는 것만큼이나 지구의 **온도를 유지**하는 데 매우 중요한 시스템이다. 인간이 땀을 흘려 체온을 조절하듯이 물은 바다에서 증발하면서 지구 표면의 온도를 내려 대기 중의 온도를 유지한다.

---

**지식 충전소**

세계에서 가장 깊은 바다는 태평양에 있는 마리아나 해구이다. 이 해구의 깊이는 11,034m나 된다. 이 공동에 에베레스트 산 전체를 담근다면 약 2,000m의 공간이 남을 것이다.

**01 태양이 바닷물을 증발시킨다**
(증발)

**02 이 수분이 구름을 만들어낸다.**
(응결)

**05 물은 강을 통해 다시 바다로 돌아간다.**
(표면 유출액체와 침투)

**03 구름은 바람을 타고 내륙으로 이동한다.**

**04 구름은 물이 되어 비나 눈으로 땅에 떨어진다**
(강수)

 **호수와 강**

    지구상에 존재하는 물의 97%가 바다에 있는 것에 반해, 강과 호수가 차지하는 비중은 0.2%에 불과하다. 하지만 이 0.2%의 물은 우리가 살아가는 데 없어서는 안 되는 매우 중요한 요소이다. 오랜 세월 동안 강은 우리에게 **에너지원**을 제공했고, 호수도 항상 주요 식수원이 되었다. 또 여행을 하거나 차선책이 없는 육지에서 물자를 수송할 때에도 수로는 매우 중요한 역할을 한다.

    ★ 나머지는 빙하, 빙모, 지하수가 차지한다.

    호수는 **함몰된** 지형에 물이 모여서 만들어진 것이다.

    강은 호수나 샘물, 작은 지류에서 흘러나온 물이 생성된 지형을 따라서 바다나 다른 호수 또는 강으로 흘러가는 물길을 말한다.

## 세계에서 가장 긴 강

01. **나일 강**  6,654km (아프리카 북동부)

02. **아마존 강**  6,405km (남아메리카)

03. **양쯔 강**  6,304km (중국)

04. **미시시피-미주리 강**  6,228km (미국)

05. **예니세이 강**  5,526km (러시아)

06. **황하 강**  5,464km (중국)

07. **오브-이르티쉬 강**  5,398km (러시아)

# 세계에서 가장 큰 호수

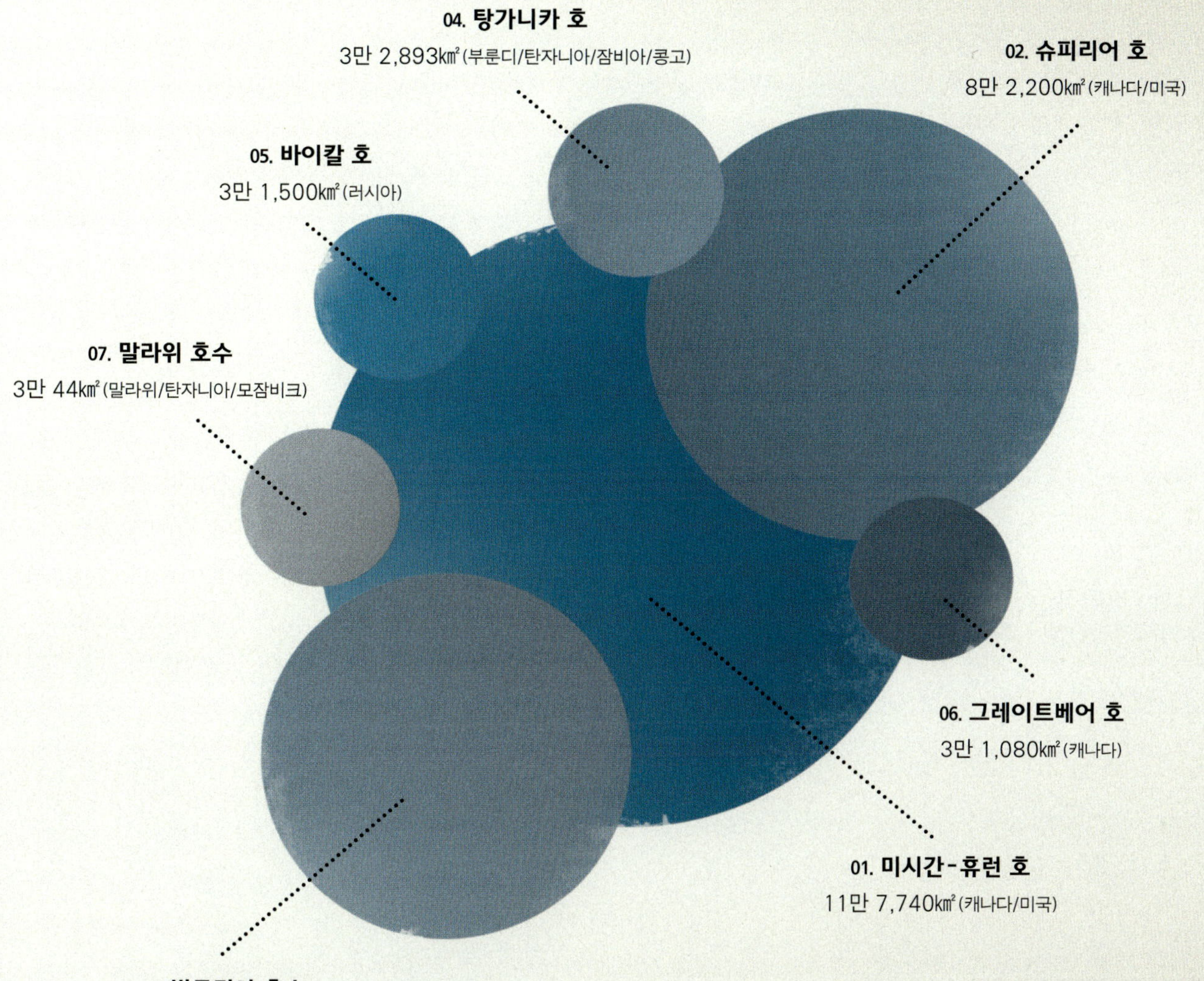


지식 충전소

세계에서 가장 짧은 강은 미국 몬태나 주에 있는 그레이트 폴스의 로 강Roe River이다. 이 강의 길이는 61m에 불과하다.

 **빙하시대**

　사람들은 지구상에 빙하시대가 오직 한번뿐이었던 것처럼 말하지만 실제로는 여러 차례 있었다. 우리가 흔히 말하는 빙하시대는 비교적 최근인 **플라이스토세**의 정점보다 약 2만 년 전에 발생해 1만 년 전쯤에 끝난 것을 뜻한다.

　빙하시대에는 지구 전체가 거의 빙하로 뒤덮여 모든 생물에게 엄청난 영향력을 발휘했다. 빙하가 발달하여 지표면에 빙상이 퍼지면서 대부분의 식물들은 파괴되었고, 식물에게 자양분을 의존했던 동물들은 따뜻한 지역을 찾아 이동해야만 했다. 빙하시대가 길어지면서 수많은 동식물 종들이 감소했다. 물이 얼어붙어서 증발하지 못했기 때문에 비가 내리지 않았고, 그로 인해 지구는 매우 건조한 기후로 변하게 되었다. 혹독한 추위에도 불구하고 기후가 건조했기 때문에 마지막 빙하기에는 털북숭이 매머드뿐만 아니라 대부분의 생물이 번성하기 힘든 환경이 되었다.

**전형적인 톱니 패턴은 지구의 기후가 주기적으로 순환한다는 것을 뜻한다.**
**이 그래프는 느리지만 막을 수 없는 빙하의 도래를 나타내고 있다.**

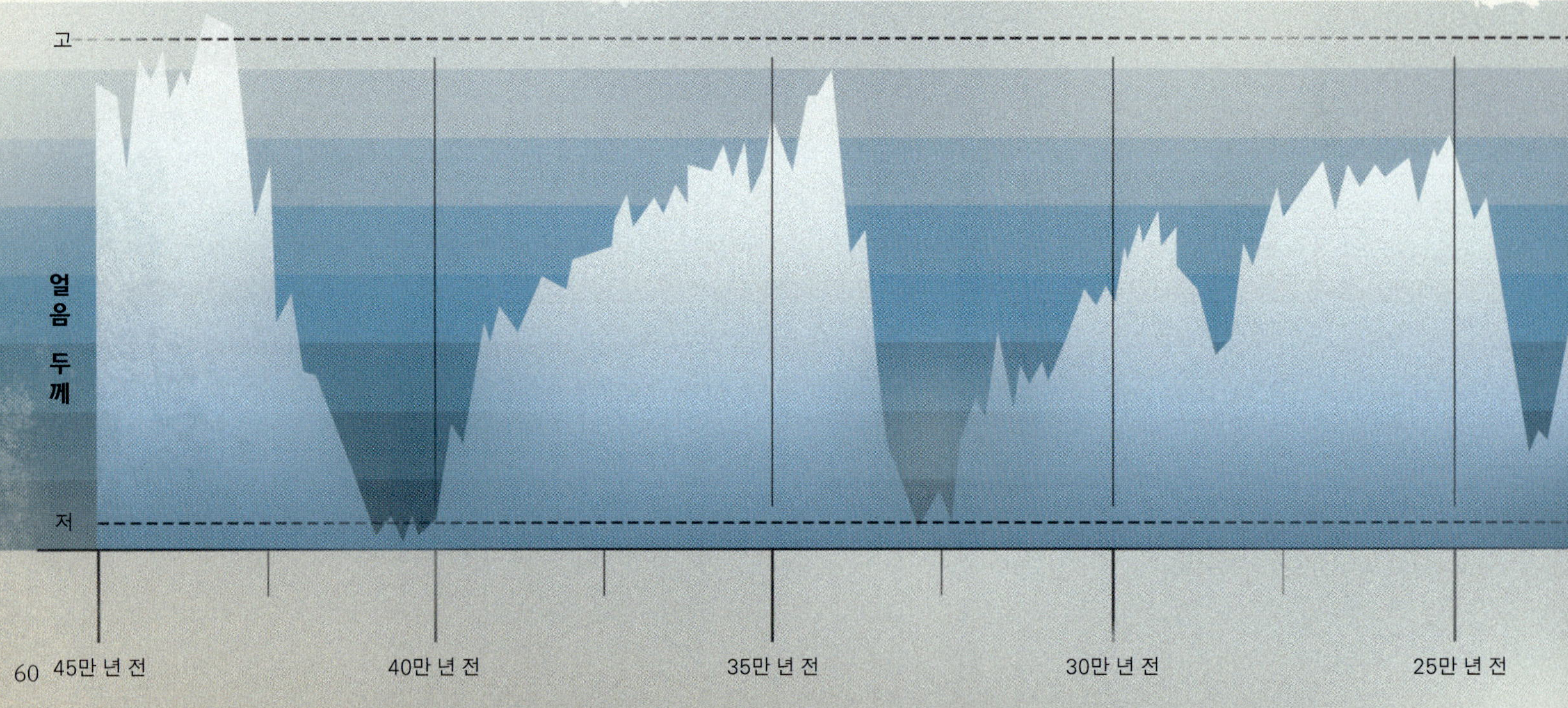

지구의 온도 변화, 즉 빙하시대는 태양의 주위를 공전하는 지구의 궤도와 축에 이상이 일어나면서 발생하는 것으로 보고 있다. 이 이론은 세르비아의 천체물리학자 **밀루틴 밀란코비치**Milutin Milankovitch가 처음 제안했다. 첫째, 태양의 둘레를 타원형으로 공전하는 이심률이 10만 년 주기로 변화한다. 둘째, 지구 자전축의 기울기는 4만 1000년 주기로 ±1.5°씩 바뀐다. 마지막으로 이 두 가지 요인 때문에 2만 1000년 주기로 세차운동이 일어난다. 빙하시대를 일으킨 이 조합들은 아래 그림에 나와 있는 전형적인 **톱니모양 그래프**의 느리지만 갑작스러운 끝을 발생시킨 요인이다.

지식 충전소

마지막 빙하시대에는 지구의 3분의 1이 빙하로 뒤덮여 있었고, 현재는 지구의 10%가 덮여 있다. 그래서 우리는 지금 현재를 '소빙기'라고 한다.

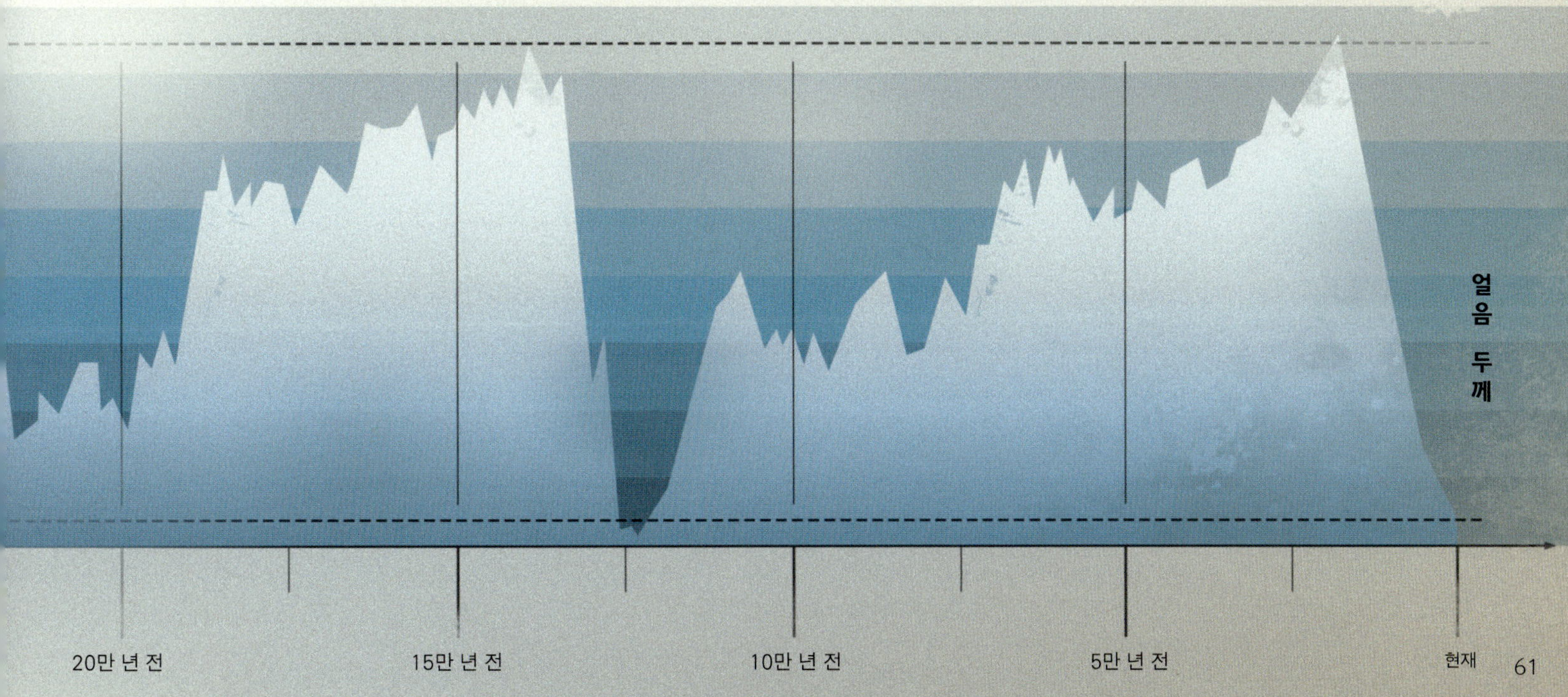

 **불가사의한 세계의 7대 자연 경관**

### 파리쿠틴 화산

**위치:** 멕시코의 미초아칸 주에 있는 활화산 분석구인 파리쿠틴 화산은 멕시코시티에서 서쪽으로 321㎞ 정도 떨어져 있다. 높이는 약 3,000m로 추정된다.

**가장 아름다운 시기:** 1년 내내. 5~9월까지는 우기.

1943년 첫 분출이 목격된 파리쿠틴 화산은 세계에서 가장 독특한 자연경관으로 꼽히고 있다. 1952년 이후 현재 휴면 중이다.

### 북극광
(오로라라고도 알려져 있다)

**위치:** 주로 지구의 전리층에서 일어나는 북극광은 북극과 남극의 자북에 가까운 이온화된 질소핵과 태양풍 입자가 충돌하여 발생하는 현상이다.

**가장 아름다운 시기:** 3~4월, 9~10월.

유명한 이탈리아의 과학자 갈릴레오 갈릴레이는 이 현상에 라틴어 이름을 붙였다. 오로라는 로마신화에 등장하는 '새벽의 여신'의 이름이다.

### 그랜드캐니언

**위치:** 미국에 있는 애리조나의 깊은 이 협곡은 길이 445㎞에 넓이는 29㎞에 이른다.

**가장 아름다운 시기:** 1년 내내.

그랜드캐니언의 협곡은 콜로라도 강의 침식작용에 의해 360만 년 동안 형성되었다.

## 빅토리아 폭포

**위치:** 빅토리아 폭포는 높이와 너비가 세계에서 가장 큰 폭포이다. 남아프리카에 있는 짐바브웨와 잠비아 국경 사이에 있으며, 잠베지 강에서 곧장 떨어지는 폭포의 너비는 1,700m이고 높이는 108m에 달한다.

**가장 아름다운 시기:** 5~12월(건기)

19세기의 유명한 스코틀랜드 탐험가 데이비드 리빙스턴(David Livingstone, 1813~1873) 박사가 당시 영국을 통치하던 빅토리아 여왕의 이름을 붙였다. 현지에서는 '모이-아-튜나'로 부르며 '포효하는 연기'라는 뜻이다.

## 에베레스트 산

**위치:** 에베레스트 산은 세계에서 해발 높이가 가장 높은 산이며 네팔과 티베트, 중국의 국경 사이에 위치한 히말라야 산맥의 최고봉이다. 가장 높은 곳은 8,848m에 이른다. 이 산은 6000만 년 전에 형성되었다.

**가장 아름다운 시기:** 10~11월(눈이 가장 덜 덮여 있다)

1865년 영국의 인도 공유지 감독관인 조지 에베레스트(George Everest, 1777~1866)가 자신의 이름을 붙였다. 티베트에서는 '초몰룽마'(대지의 여신)라고 한다.

## 그레이트배리어리프(대보초)

**위치:** 세계에서 가장 넓은 산호초로, 오스트레일리아의 북동부(퀸즐랜드)에 위치해 있다. 이 암초들은 해안을 따라 2,600㎞에 걸쳐 발달되어 있다. 2,900개 이상의 분리된 산호초에 15억 마리 이상의 물고기가 서식하는 것으로 추정된다.

**가장 아름다운 시기:** 6월~10월~ 여름.

해마다 200만 명 이상의 관광객들이 지구에서 가장 아름다운 자연환경 중 하나인 이 대보초를 방문한다.

## 리우데자네이루 항

**위치:** 과나바라 만으로도 알려져 있는 리우데자네이루 항은 브라질의 동부해안에 자리잡고 있다. 수량(water volume) 상 세계에서 가장 큰 만이다.

**가장 아름다운 시기:** 9~10월

항구의 길이는 31㎞이고 가장 넓은 곳의 폭은 28㎞에 이른다. 대서양이 침식되면서 형성된 이 항구는 매우 독특한 모양의 산으로 둘러싸여 있다.

# 제3장

# 살아 있는 지구

 **우리가 알고 있는 생물**

닭이 먼저일까? 달걀이 먼저일까?

이것은 영원히 풀리지 않는 수수께끼이다. 아무것도 없는 상황에서 어느 순간 갑자기 생명이 등장했으니 말이다. 그것은 기적이라고밖에 표현할 수 없는 사건이었다. 아마도 고대에 일어난 **우연한 사건의 일치**가 생명 세계의 불을 점화시킨 것이 아닐까 한다. 아마도.

현재 통용되는 이론상, 생명체가 탄생해 진화해온 만큼 지구상의 현재 조건하에서는 새로운 생명이 탄생하기 위한 새로운 조건은 존재하지 않는다. 따라서 오래전에 지구상에 존재했던 생명체를 복제하기 어려운 것과 마찬가지로 생명이 어떻게 시작되었는지 정확하게 입증하기도 어렵다.

현재로서는 모든 요소가 들어 있는 **홀데인-오파린 가설**이 가장 유력한 것으로 인정받고 있다. 각자 독립적으로 연구한 러시아의 생화학자 알렉산드르 오파린 Aleksandr Oparin(1894~1980)과 영국 출신의 유전학자 존 홀데인 John Scot Haldane(1860~1936)은 놀랍게도 똑같은 결론에 이르게 된다. 그들의 연구에 의하면 생명은 '**원시수프**' 속의 유기화합물에서 시작되었고 여러 차례의 변화를 거치면서 좀 더 복잡한 분자가 만들어졌다고 한다.

---

**지식 충전소**

원핵생물은 지구상에 가장 먼저 등장한 원시세포로, 이들이 없었다면 다른 생명체도 존재하지 않았을 것이다. 여행이 언제나 한걸음을 내딛는 것에서 시작되는 것처럼 지구상의 모든 생명체를 향한 여정도 초라한 원핵생물에서 시작되었다.

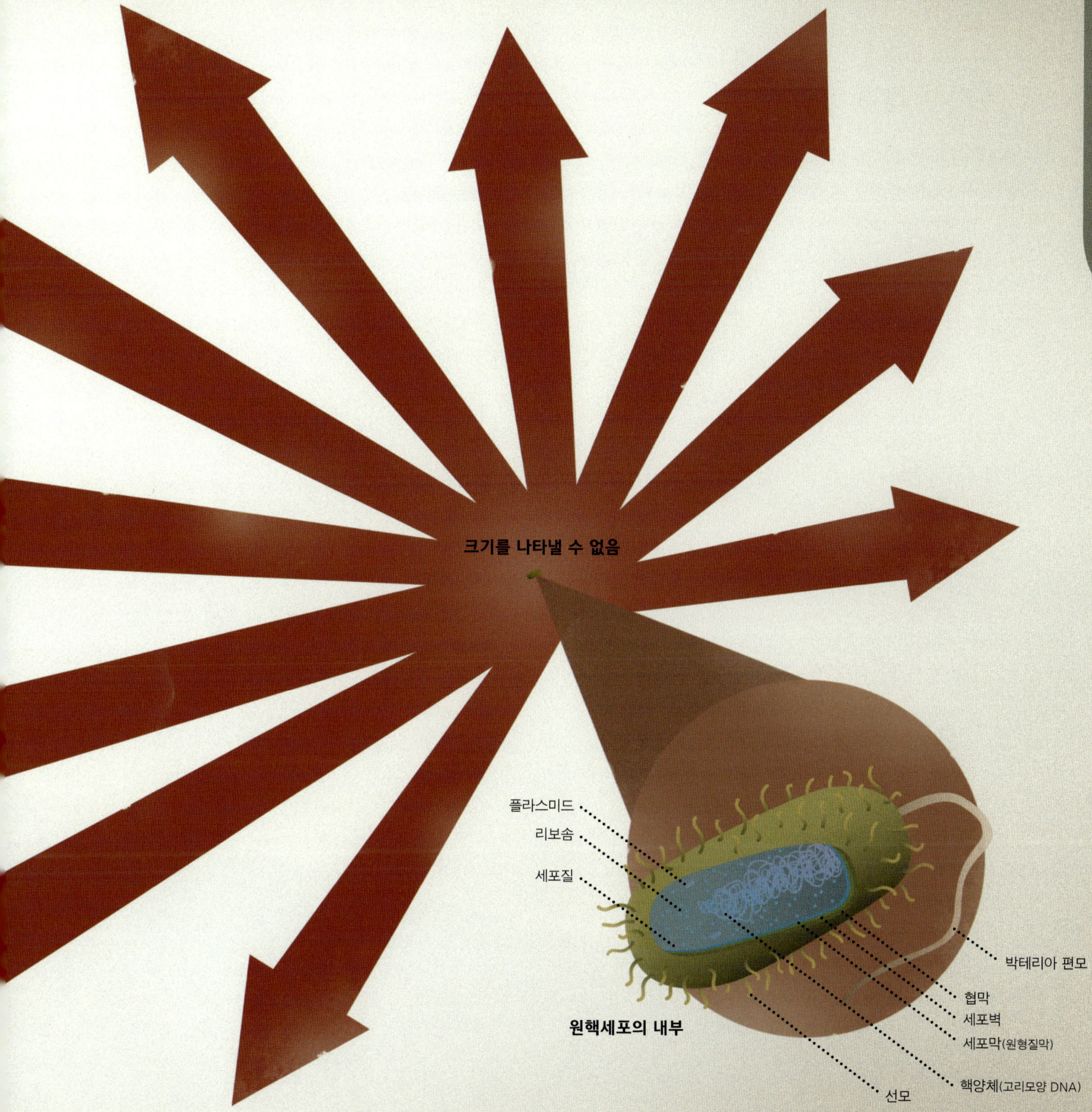

크기를 나타낼 수 없음

플라스미드
리보솜
세포질

박테리아 편모

협막
세포벽
세포막(원형질막)

핵양체(고리모양 DNA)

선모

**원핵세포의 내부**

 **그리고 세포가 있었다**

아래의 연대표를 보면 알 수 있듯이 단세포 원핵생물에서 다세포생물이 되기까지는 30억 년에 가까운 시간이 걸렸지만, 다세포생물이 인간이 되기까지는 그 3분의 1밖에 걸리지 않았다. 연대표에는 연이은 각 단계마다 발생했던 주요 사건들이 나타나 있는데 갈수록 시간이 짧아지고 있다.

우리 인류-호모 사피엔스-가 되기까지 일어난 주요 도약에 집중하여 살펴보자.

### 1. 단세포 원핵생물

최초의 생물과 생명을 만들어내는 모든 구성요소가 원시수프에서 탄생하다.

### 2. 광합성

광합성이 없었다면 식물은 결코 발생하지 못했을 것이다. 광합성 덕분에 아름답게 균형을 이루는 환경이 만들어졌다.

### 3. 오존층

오존층은 태양의 자외선으로부터 생명체를 보호해주고 지구를 생명체 서식가능 지역으로 만들어주었다. 이 때부터 지구에는 (상대적으로) 갑자기 생명체가 증가하기 시작했다.

### 4. 공룡의 멸종

공룡이 사라진 후 뜻밖에도 인간이 출현했다.

### 5. 호모속

호모속의 초기 외모는 호모의 직계 선조인 오스트랄로피테쿠스의 모습을 띠고 있었다. 이것은 인간으로 진화하는 여정 중 마지막 주요 변화였다.

**30억 년 전**
광합성 시작

**38억 년 전**
단세포(원핵생물) 출현

초기 세포에는 원핵생물과 진핵생물이라는 두 종류
가 있었다. 동물, 식물, 균류 등은 핵을 가진 진핵
세포 생물에서 시작됐다. 모든 세포의 95%를 차지
하는 박테리아는 원핵생물 세포로 이루어져 있다.

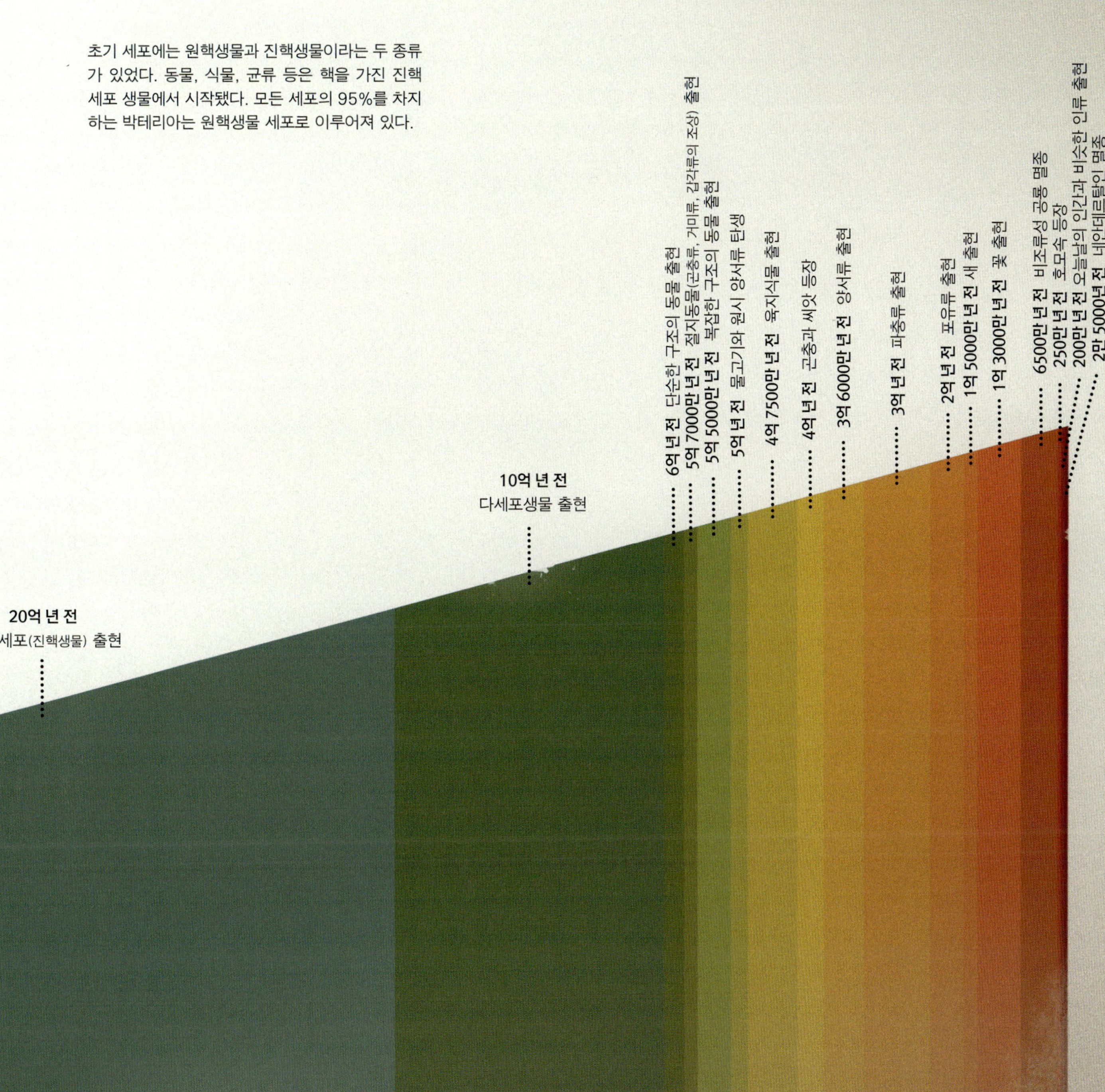

 **광합성**

　이산화탄소를 산소로 바꾸는 광합성 작용은 지구상에 존재하는 모든 생물에게 매우 중요한 과정이다.

　식물의 광합성 작용을 복잡한 방정식으로 풀어보면,

**$6CO_2 + 6H_2O$는 태양에너지를 받아 $C_6H_{12}O_6 + 6O_2$를 만들어낸다**

이것을 간단히 설명하면 다음과 같다.

**이산화탄소 + 물 + 태양에너지를 받아 당 + 산소를 만들어낸다**

　광합성은 태양에너지로 음식물을 만들어낼 수 있는 유일한 과정이기 때문에 매우 중요하다. 식물이 인간에게 영양분을 제공하는 것처럼 광합성 작용은 지구상의 모든 생명체에 직접적으로 혜택을 베풀고 있다. 만약 광합성 작용이 없었다면 우리 인간은 지구에 존재하지 못했을 것이다.

### 지식 충전소

식물은 광합성 과정에서 당을 생성하는 유일한 존재이다. 광합성 작용을 통해서 식물은 산소를 발생시키는데, 사실은 과정상 노폐물과 산소를 공기 중에 방출하는 것뿐이다.

광합성을 위해 태양에너지에서 에너지 흡수

잎의 미세한 구멍이나 기공을 통해 이산화탄소가 침입한다.

물에서 배출된 산소원자가 산소기체 분자를 형성한다.

식물은 엽록체라는 특별한 세포에서 광합성 작용을 한다.

빛에너지는 특별한 빛의 파장을 이용하여 전자를 활성화시키는 엽록소에 의해 화학적 에너지가 변환된다. 이 엽록소는 모든 식물에게 초록색 컬러를 띠게 하는 색소이다.

$$C_6H_{12}O_6 + 6O_2$$

 **나무의 순환**

산소를 생산하여 공급하는 것 못지않게 나무는 인간과 동물의 삶에 중요한 역할을 한다. 나무는 쾌적한 생활을 위해서 꼭 필요한 수많은 기본 도구에 쓰이고 있다.

**난방**  나무는 불을 때는 데 쓰이는 주요 재료이다.

**요리**  불은 요리하거나 물을 데우는 데 이용된다.

**주거지**  한때 나무는 전 세계적으로 집을 짓기 위한 주 재료였으며 지금도 개발도상국에서는 나무로 집을 짓고 있다. 강력한 금속이 개발된 이후로 집의 골조를 담당하는 것으로 축소되었지만, 아직도 많은 나라에서는 골조 부분뿐만 아니라 모든 부위에 나무를 사용하고 있다. 또한 동물과 새, 벌레들에게 살아가는 환경을 제공하는 등 서식지에 중요한 부분을 담당한다.

**운송**  예전에는, 특히 대륙과 대양 간의 먼 거리를 이동할 때 대부분의 운송은 나무에 의존했다.

**가구**  모든 집에는 의자나 테이블, 과일바구니 등 나무로 만든 가구가 구비되어 있다.

**소통**  1440년 인쇄기의 발명으로 인류는 더 활발하게 소통할 수 있게 되었다. 물론 나무로 만든 종이가 없었다면 불가능했을 것이다. 나무는 글자를 전파하는 데 중요한 역할을 했다.

### 지식 충전소

땅에 떨어진 도토리 열매는 1/10000의 확률로 성숙한 참나무로 자라난다.

나무는 열 살이 되면 가장 생산적인
탄소저장고가 된다.

**4) 성숙**

묘목에게 좀 더 운이 작용한다면 완전히
성숙한 참나무가 되어 꽃을 피울 것이다.
참나무는 500년까지 살 수 있다.

**3) 묘목**

묘목이 된 어린 줄기는 단단하게 굳어지
면서 발달하여 좀 더 나무다운 모습이 된
다. 잎이 피기 시작하고 빛을 갈구한다.

**5) 수정**

참나무는 나비나 곤충이 아니라 바람에 꽃
가루가 날려서 수정된다. 꽃은 특별히 화
려하지 않다.

**2) 발아**

먹이가 되거나 파괴되지
않은 도토리는 땅에 뿌리
를 내리고 묘목이 된다. 좋
은 땅과 환경조건에서 발
아한 씨앗은 한 달에 18㎝
정도 자란다.

**6) 과일**

참나무 열매는 그 씨앗인 도
토리이다. 30년 정도 된 참
나무는 도토리를 생산한다.

다시 순환이 시작되다….

**1) 도토리**

도토리는 참나무의 씨앗이다. 나무
에서 떨어진 도토리는 동물, 특히
다람쥐에 의해 산포된다. 땅에 떨
어지거나 먹이가 되지 않은 도토리
는 얼마 후 발아한다.

70년 정도 된 늙은 나무가 폐목이 되면 대기
중에 3t 가량의 이산화탄소를 방출한다.

# 03.05 곤충의 왕국

곤충은 지구의 생태계에서 가장 중요한 부분을 담당하며, 이름이 붙여지고 종이 분류된 수백만 종의 생명체 중에서 수적으로 가장 우세한 그룹이다. 어디에서나 흔히 볼 수 있는 것이 곤충만은 아니지만, 간혹 전 세계의 가장 혹독한 환경에서 생존할 수 있는 유일한 존재이기도 하다.

왜냐하면 크기가 작기 때문이다. 곤충의 주된 기능 중 하나는 먹이사슬의 맨 밑바닥에 자리 잡고 있다는 것인데, 다른 생물의 에너지원으로 활약한다는 것이 그들에게는 불공평하게 느껴질 수도 있을 것이다. 식물이 수정을 통해 씨를 뿌리고 꽃을 피우고 잘 자라게 하는 데에도, 땅에 공기구멍을 만들어 숨 쉬게 하는 데에도, 죽은 동물이나 식물의 분해 과정에서도 핵심 역할을 하여 땅에 영양을 공급한다. 또한 이들이 남긴 잔해물은 땅을 비옥하게 만들고 궁극적으로는 식물에게 혜택을 주기 위해 개체수를 조절한다.

**인간에게 가장 인기 있는 식용 곤충**

매미

**가장 빠른 곤충**

푸른무늬왕잠자리

시속 100km

**힘이 가장 센 곤충**

쇠똥구리

자기 몸무게의 1,141배를 들어 올릴 수 있다.

**독성이 가장 강한 곤충**

포고노미르멕스 개미

사람은 자면서 1년에 8마리의 벌레를 삼킨다는 도시괴담이 있다. 이런 조사를 한 연구기관이 없음에도 불구하고 사람들은 그것이 사실이라고 믿고 있다.

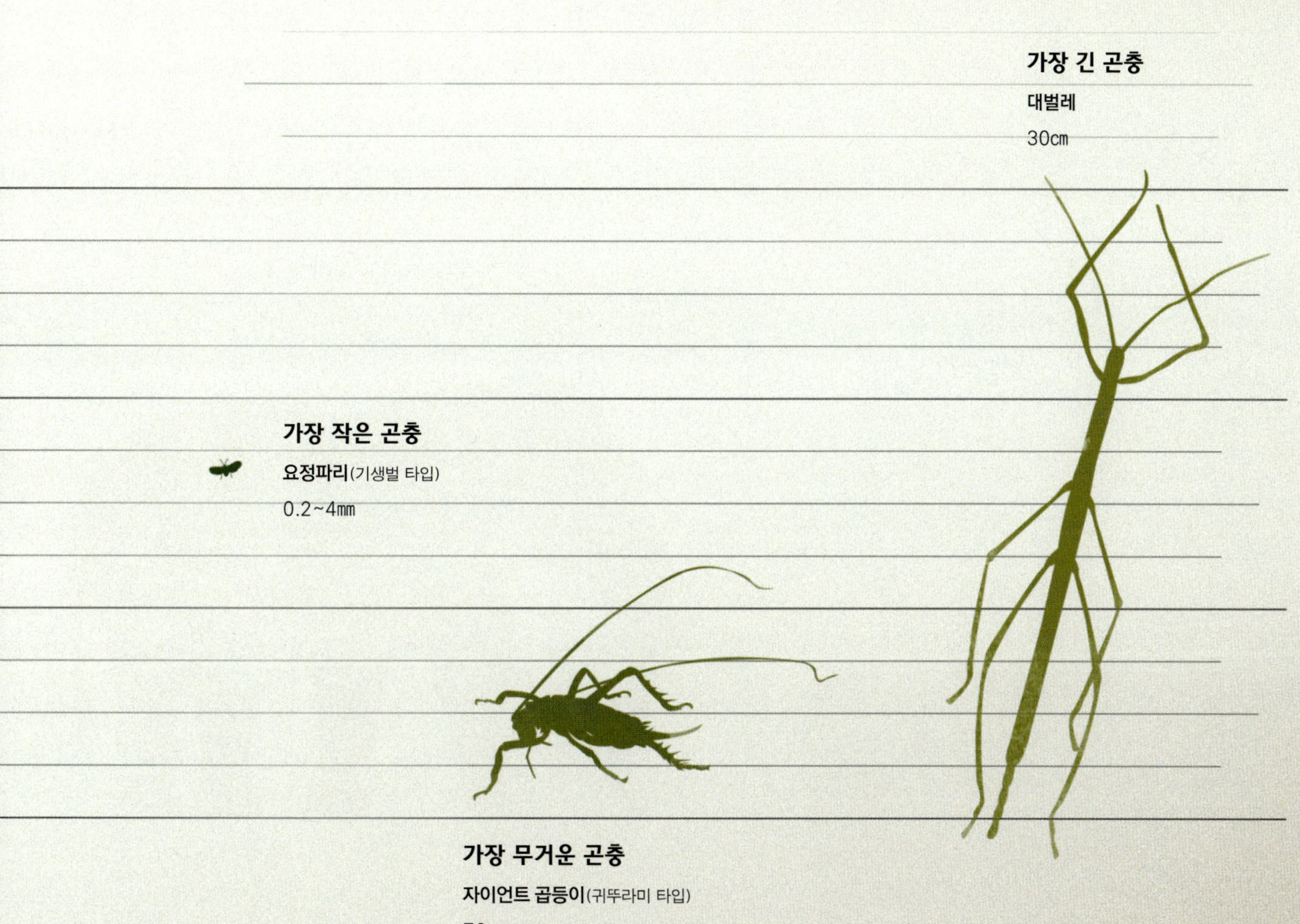

**가장 긴 곤충**

대벌레

30cm

**가장 작은 곤충**

**요정파리**(기생벌 타입)

0.2~4mm

**가장 무거운 곤충**

**자이언트 곱등이**(귀뚜라미 타입)

70g

 **포유류의 왕국**

포유류는 공룡시대에도 존재했었다. 인간으로도 진화한 이 **온혈동물**은 공룡이 멸종한 이후 본격적으로 분화하기 시작했다.

'분화'의 주요인 중 하나는 **중생대** 동안 초대륙 판게아가 분리되었기 때문이다. 이로 인해 포유류가 이동하게 되었으며, 식물은 지구 곳곳의 서로 다른 기후에서 번성하게 되었다. 식물의 수분작용에서 영장류가 등장하기까지는 6500만 년이라는 긴 시간이 걸렸지만, 이것은 지구의 나이에 비하면 매우 짧은 시간이다.

**사실은⋯**

베링 육교는 진화한 동물이 북아메리카에서 아시아로 이동하는 중요한 통로였다. 이 육교는 현재 시베리아–알래스카로 알려져 있다.

앨리게이터는 턱을 다무는 힘이 유난히 강하다. 앨리게이터에게 잡아먹히지 않는 가장 좋은 방법은 입을 꼭 다물게 하는 것인데, 입을 벌리는 힘이 매우 약하기 때문이다.

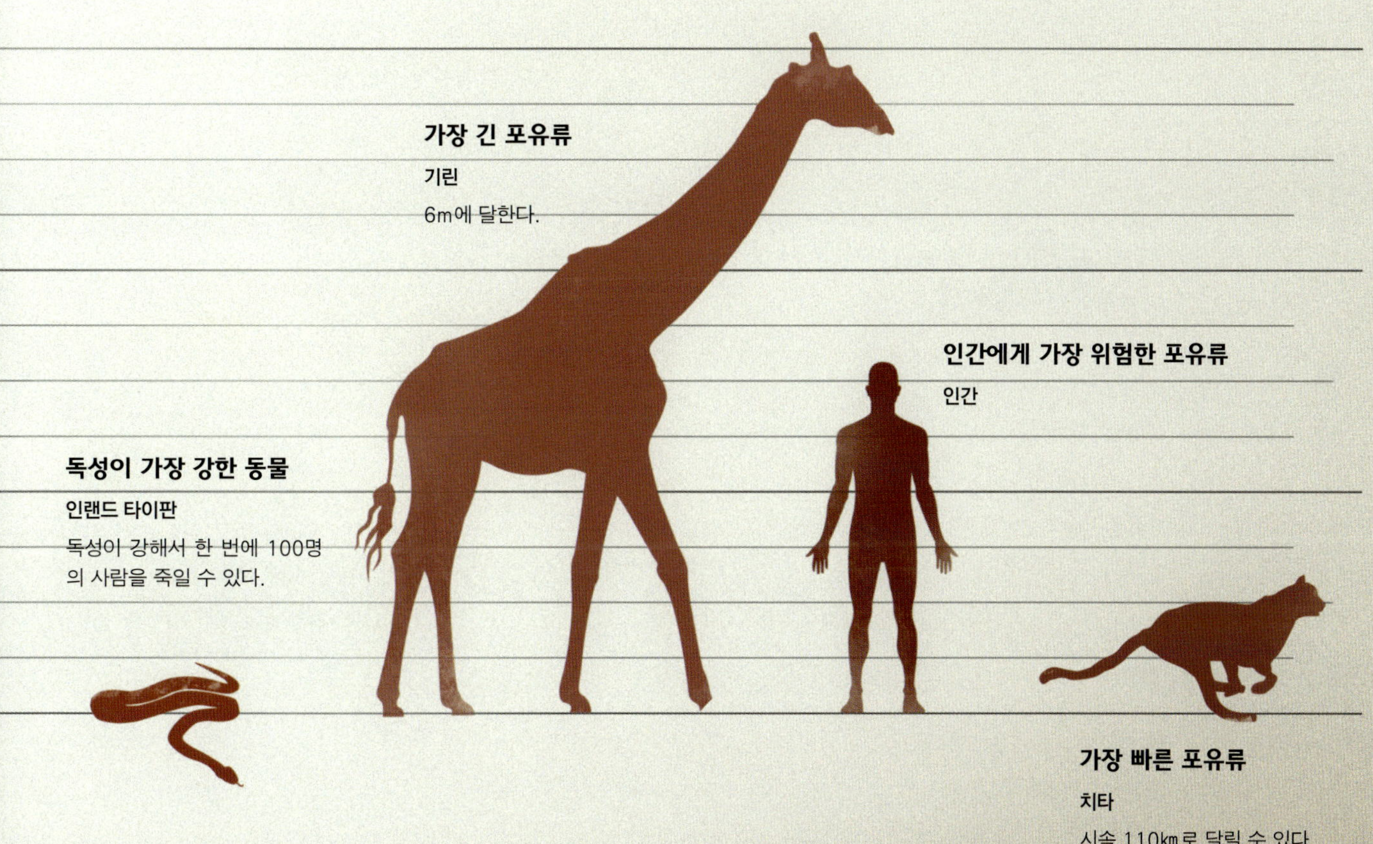

**가장 긴 포유류**

기린

6m에 달한다.

**인간에게 가장 위험한 포유류**

인간

**독성이 가장 강한 동물**

인랜드 타이판

독성이 강해서 한 번에 100명의 사람을 죽일 수 있다.

**가장 빠른 포유류**

치타

시속 110km로 달릴 수 있다.

 **바다의 왕국**

어류와 바다에 서식하는 그 밖의 모든 생물은 공룡시대 이전부터 존재했다. 지구상에서 **최초로 척추를 가진 동물**은 아마도 턱없는 물고기였을 것이다. 이 타입의 물고기는 진화에는 성공하지 못했지만 몇몇 후손을 남겼다. 그들이 진화하지 못한 이유는 턱을 다무는 힘이 약해서 먹이를 잡아먹는 데 한계가 있었기 때문이다. 그런 만큼 살아남기 위해서 턱이 발달된 것은 놀랄 일이 아니다. 이 과정은 물고기가 더 좋은 먹이를 먹을 수 있게 되는 중요한 진화 단계였다.

어류는 **무악강**(칠성장어 등의 뼈 없는 물고기), **연골어강**(상어 등의 연골어류), **경골어**(대부분의 어류처럼 뼈 있는 물고기) 등 세 종류로 나눌 수 있다. 데본기(4억 1600만 년에서 3억 5700만 년 전)를 지배했던 어류는 땅으로 올라와 최초로 진화한 육지동물이다.

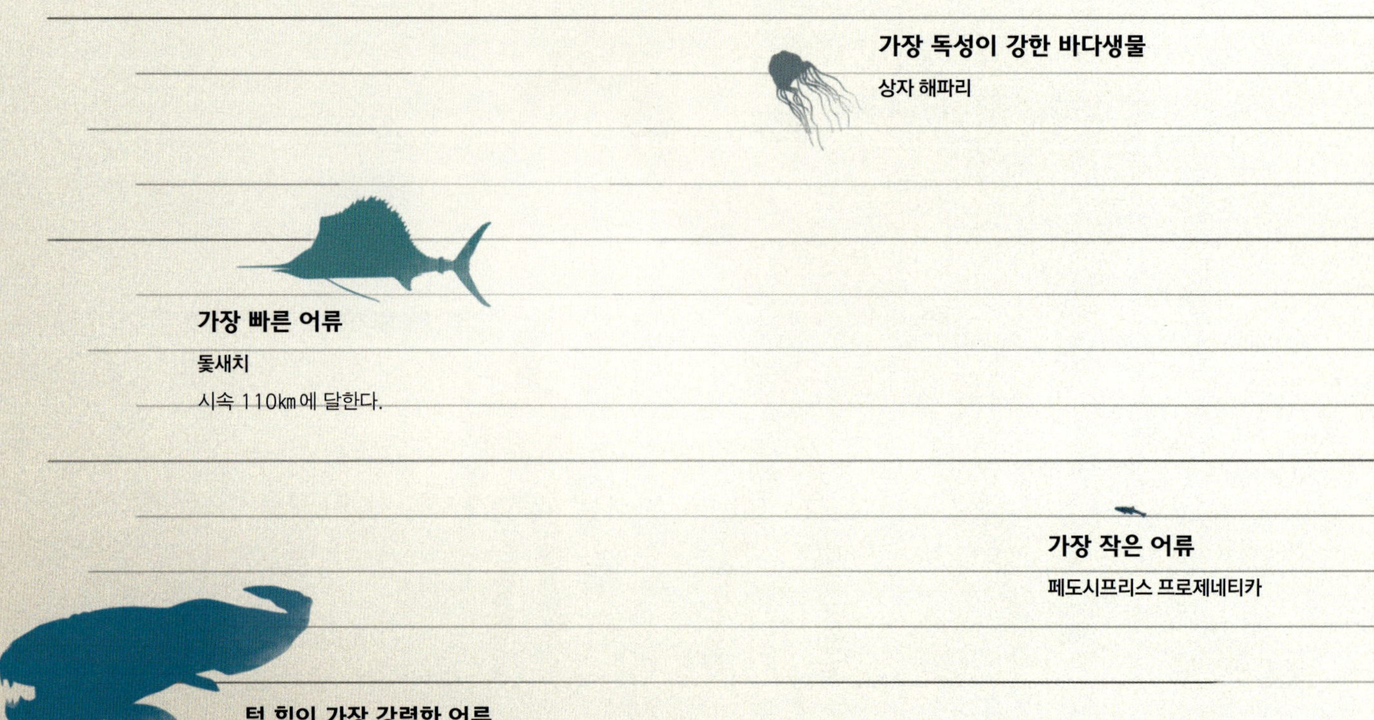

수많은 어류가 평생 동안 같은 비율을 유지하며 산다. 어류는 자라나듯
이 성장하지 않는다. 비율이 커질 뿐이다.

 **새들의 왕국**

조류는 티라노사우루스 렉스로 대표되는 수각아목 공룡의 직계후손이다.

조류와 다른 척추동물의 가장 큰 차이점은 하늘을 날 수 있는 능력에 있다. 조류가 하늘을 날 수 있게 된 것은 매우 가벼운 골격과 텅 빈 뼈, 유난히 강한 가슴 근육뿐만 아니라 공기역학적인 형태의 날개 덕분이다.

**지식 충전소**

플라밍고가 분홍색을 띠는 이유는 먹이 때문이다. 플라밍고는 자신과 색깔이 똑같은, 카로틴이 풍부한 당근을 즐겨 먹는다.

 **공룡시대**

공룡은 언제, 그리고 얼마나 오랫동안 지구를 지배했을까?

최초의 공룡이 등장한 것은 약 2억 5000만 년에서 2억 1000만 년 전 사이인 **페름기**로 거대한 초대륙 판게아가 존재하던 시기였다. 공룡이 지구를 지배하던 전성기는 약 2억 1000만 년에서 1억 5000만 년 전인 **쥐라기**였다. 판게아 대륙은 이때부터 갈라지기 시작해서 1억 5000만 년 전에서 6500만 년 전 사이인 **백악기**에는 현재와 같은 대륙의 분포가 나타난 것으로 보인다. 가장 유명하고 흉포한 공룡인 티라노사우루스 렉스는 이 시기 말에 등장해 횃대를 지배했는데, 사람들의 근거 없는 믿음과 달리 가장 거대한 공룡은 아니었다. 지금까지 알려져 있는 공룡 중에서 무게 100t에 30~35m 길이를 자랑하는 아르젠티노사우루스라는 이름의 용각류 공룡이 가장 거대한 공룡의 타이틀을 거머쥐고 있다.

**페름기**
2억 5000만 년에서 2억 1000만 년 전
에오랍토르, 코엘로피시스, 헤레라사우루스 등

**쥐라기**
2억 1000만 년에서 1억 5000만 년 전
브라키오사우루스, 스켈리도사우루스, 딜로포사우루스 등

현재까지 발견되어 이름이 명명된 공룡은 700여 종이 넘는다. 고생물학자들은 지금까지 발견된 것보다 더 많은 종(과 화석)이 존재했을 것으로 확신하고 있다. 너무 늦기 전에 발견하기를 바랄 따름이다.

**백악기**

1억 5000만 년에서 6500만 년 전
티라노사우루스, 오르니토미무스, 트리케라톱스 등

 **무엇이 공룡을 멸망시켰는가?**

　**K-T 경계층**은 연대표에서 공룡이 사라졌던 선사시대의 한 지점을 가리킨다. 이 경계선은 백악기를 뜻하는 'K'와 3차를 뜻하는 'T'를 따서 지어진 이름이다. 화석 기록은 공룡이 경계면의 T측이 아니라 K측에 존재했다는 사실을 나타내고 있다(새가 공룡의 직접적인 후손이라는 이론을 무시하면 말이다).

　6500만 년 전에 지구의 기후가 갑자기 드라마틱하게 변화했고 그로 인해 공룡이 생존하는 데 꼭 필요했던 대기와 환경이 파괴되었다는 데에는 이견이 없지만, 기후가 왜 그토록 철저하게 급변했는지에 대해서는 현재 과학적인 논쟁이 진행되고 있다. 도대체 지구에 무슨 일이 그렇게 순식간에 발생해서 모든 것을 뒤바꿔놓은 것일까?

　이 의문에 대해 가장 일반적으로 인정되고 있는 것은 1980년 월터 알바레즈Walter Alvarez(1940~ )와 그의 지질 팀이 제안한 이론이다. 알바레즈는 당시 소행성이 지구를 강타했고, 반경 480km 이내에 있던 모든 것이 순식간에 초토화되면서 엄청난 양의 잔해가 대기로 날아갔다고 주장한다. 이 잔해가 태양을 차단시켜 기온이 떨어지면서 지구상에 서식하는 공룡과 **모든 생물의 75%**가 빠른 속도로 멸종되었다는 것이다.

---

**지식 충전소**

공룡에게 무슨 일이 일어났는지 알고 싶어 하는 데에는 두 가지 이유가 있다. 첫 번째는 단순한 흥미이다. 즉 인류를 엄청난 위치로 격상시킨 호기심 때문인 것이다. 두 번째 이유는 좀 더 신중하게 들릴 것이다. 만약 지구상에 공룡을 멸종시킨 어떤 일이 생겼다면, 우리에게도 같은 일이 일어나지 말라는 법이 없지 않은가? 공룡이 멸종한 이유를 안다면 그런 일이 닥치기 전에 우리 인간은 문제를 해결할 수 있을 것이다.

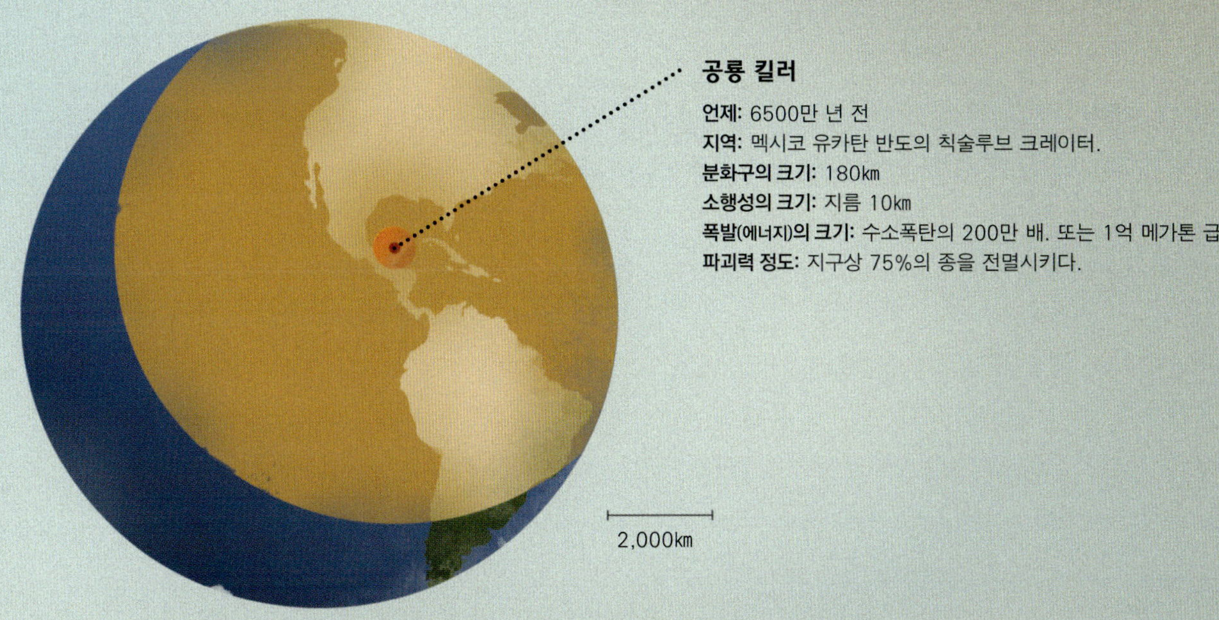

**공룡 킬러**

**언제:** 6500만 년 전
**지역:** 멕시코 유카탄 반도의 칙술루브 크레이터.
**분화구의 크기:** 180km
**소행성의 크기:** 지름 10km
**폭발(에너지)의 크기:** 수소폭탄의 200만 배. 또는 1억 메가톤 급.
**파괴력 정도:** 지구상 75%의 종을 전멸시키다.



6500만 년 전 공룡을 멸종시킨 소
행성의 충돌과 1945년에 터뜨린
원자폭탄(인류 최악의 파괴의 예로 거론
된다)의 충격을 비교해보았다.

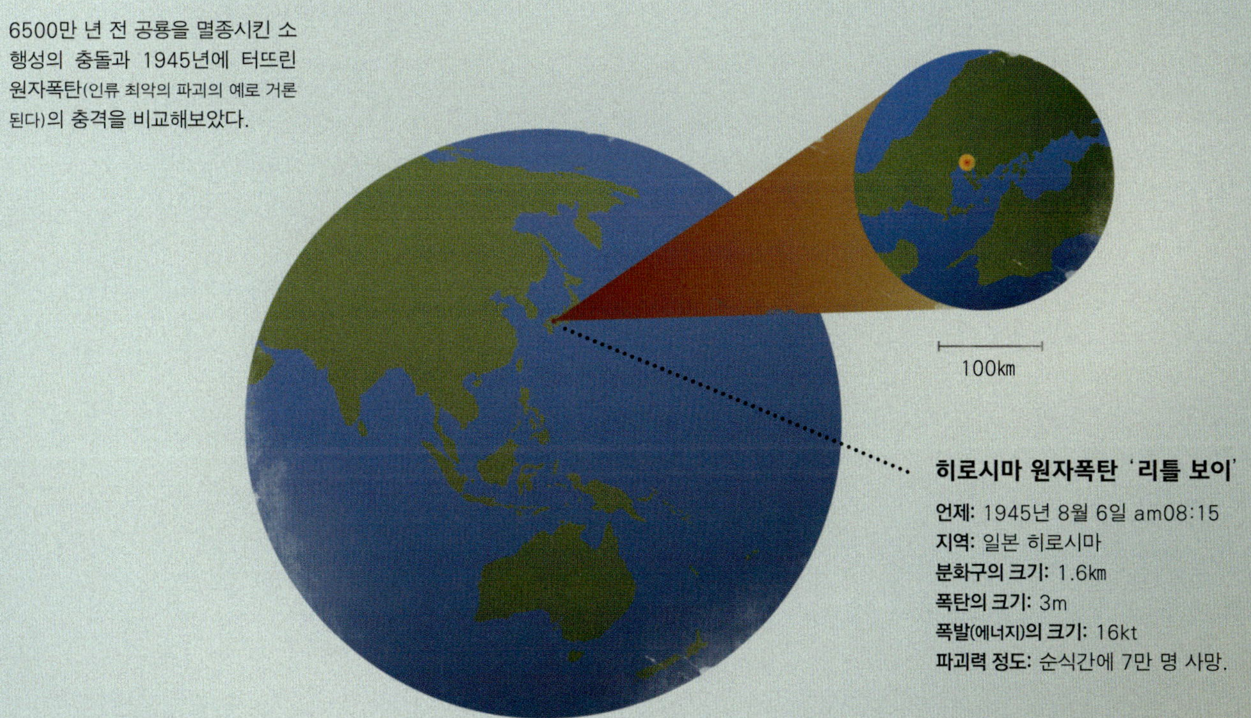



**히로시마 원자폭탄 '리틀 보이'**

**언제:** 1945년 8월 6일 am08:15
**지역:** 일본 히로시마
**분화구의 크기:** 1.6km
**폭탄의 크기:** 3m
**폭발(에너지)의 크기:** 16kt
**파괴력 정도:** 순식간에 7만 명 사망.

 **먹이사슬**

먹이사슬은 각 동물이 서식지나 서식 환경에서 살아가는 데 필요한 에너지를 다른 동물에게서 공급받는 먹이의 방향과 이동을 알 수 있는 가장 쉬운 방법이다. 먹이사슬은 생태계에서 중요한 역할을 하며 한 종이 다른 종과 밀접한 관계를 맺으면서 어떻게 살아남는지를 보여준다.

먹이사슬이 무엇이든 간에 우리는 항상 제일 아래쪽에 위치하는(제일 먼저 먹히는) **1차 생산자**에서부터 시작한다. 즉 1차 생산자가 1단계로, 이 위치가 사슬의 영양단계를 담당한다고 할 수 있다.

예를 들어 풀(1차 생산자)에서 시작된 먹이사슬은 다음 영양 단계인 메뚜기(1차 소비자)로 넘어간다. 메뚜기는 도마뱀 같은 **2차 소비자**의 먹이가 되고, 이 도마뱀은 **3차 소비자**들의 먹이가 될 것이다. 대부분의 유기물과 동물은 서로 다른 먹이사슬의 서로 다른 영양단계를 담당하고 있다.

지구의 생태계는 이 먹이사슬의 모든 단계에서 끊임없이 공급과 소비가 이루어지면서 서로 균형을 유지하고 있다. 그렇기 때문에 만약 어느 단계에서든 결핍이 발생한다면, 먹이사슬의 위로든 아래로든 모든 단계에 파문이 일어날 것이다. 예를 들어 생산자가 충분하지 않다면 소비자는 굶어죽을 것이고, 소비자가 죽는다면 생산자는 지나치게 우위를 점령하게 되어 다른 생산자를 죽이게 될 것이다.

현재 열대우림 등의 동물서식지가 파괴되면서 전 세계적으로 수많은 먹이사슬이 위협당하고 있다.

**지식 충전소**

먹이사슬의 가장 높은 위치를 차지하고 있는 것을 최상위 포식자라고 한다. 고래, 호랑이, 독수리 등을 제외하면, 가장 분명한 최상위 포식자는 인간이라고 할 수 있다.

에너지는 각 단계마다 다음 소비자에게 이동하는데, 이때 항상 손실이 발생한다.
실제로 다음 단계로 넘어가는 에너지의 양은 15% 정도에 불과하다.

 **동물의 일생**

다니엘 디포<sup>Daniel Defoe</sup>(1660~1731)는 '죽음'과 '세금'이라는 인생에서 확실한 두 가지를 강조한 최초의 작가일 것이다. 다만 우리가 알 수 없는 것은 무엇이 먼저 올 것인가이다.

세상의 모든 생명체는 태어나면 언젠가는 죽는다. 하지만 개체마다 수명의 차이는 상당하다. 예를 들어 자이언트거북은 150년을 살 수 있지만 하루살이는 30분이라는 짧은 인생을 살다 간다. 식물의 경우 브리스콘 소나무는 무려 5000년이나 살 수 있다.

잔 칼망<sup>Jeanne Calment</sup>은 가장 장수한 사람으로 알려져 있다. 그녀는 1875년 2월 21일 프랑스 아를르에서 태어나 1997년 8월 4일에 세상을 떠날 때까지 122년을 살았다.

**지식 충전소**

생활에 활용되고 있는 플라스틱은 어떤 생명체보다 더 장수할 것이다. 자연에서 플라스틱이 살아남는 기간은 우리가 기대했던 것보다 적어도 399년 361일 더 긴 400년 이상이 될 것이다.

쥐  4년(암컷 35일, 수컷 60일)

악어  45년(수컷 16년, 암컷 13년)

낙타  50년(5년)

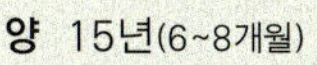

여왕벌  3년(5~7일)

양  15년(6~8개월)

말  40년(1~2년)

타란툴라(독거미)  15년(2년)

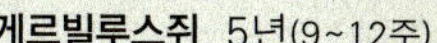

게르빌루스쥐  5년(9~12주)

캥거루  9년(22개월)

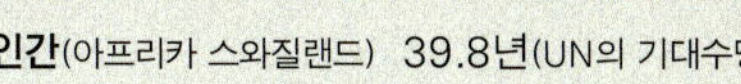

개  15년(6~12개월)

인간(아프리카 스와질랜드)  39.8년(UN의 기대수명 목록 중에서 가장 낮다)

카나리아  24년(5개월)

고양이  15~20년(7~12개월)

사자  35년(3~5년)

괄호 안의 수치는 종마다 성 활동이 가능해지는 시기이다.

# 제4장

# 인간

 # 원숭이에서 인간으로의 진화

원숭이, 유인원, 심지어 레뮤와 마찬가지로 인간은 영장류로 분류된다. **영장류**가 최초로 등장한 것은 공룡이 멸종한 후 지구의 기후가 일단 안정을 되찾은 6500만 년 전이다. 우리는 이처럼 먼 역사 속에서 찾아낸 진화의 흔적을 통해서 이 특별한 순간에 진정한 진화의 분기가 시작되었음을 확인할 수 있었다.

1500만 년 후 호미니드(또는 유인원)로 진화한 영장류가 최초로 등장했지만 인간으로 보이는 뚜렷한 요소를 가진 영장류가 출현하기까지는 1000만 년의 시간이 더 필요했다. 이 증거는 450만 년 전 거의 이족보행(두발로 걷는)을 했던 것으로 추정되는 아르디피테쿠스 라미두스 화석에서 찾아볼 수 있다. 그 뒤를 이어 오스트랄로피테쿠스 아나멘시스와 오스트랄로피테쿠스 아파렌시스가 등장했는데 이들은 연속적인 이족직립보행을 했던 것으로 보인다. 이 단계에서도 여전히 작은 뇌와 원숭이와 비슷한 생김새였지만 이는 점점 변해 갔다.

그 이후 200만 년 동안 오스트랄로피테쿠스 아프리카누스, 로부스투스, 보이세이는 빠른 속도로 진화했다. 이들의 외모는 마침내 호모, 약 250만 년 전에 등장한 호모 하빌리스의 모습과 겹치는 부분이 있다.

**지식 충전소**

약 7만 5000년 전인 플라이토스 말기에 번식이 가능한 호모 사피엔스사피엔스의 수는 1,000여 쌍을 이룰 정도로 적었는데, 오늘날의 인간은 이 작은 그룹에서 시작되었다.

네안데르탈인은 사피엔스만큼 강하고 지능적이고 지혜가 있었지만 3만여 년 전 멸종했다. 호모 사피엔스가 번성하여 결국 호모 사피엔스사피엔스, 즉 우리 인류가 되었다.

1만 8000년 전 호모 에렉투스가 등장했다. 이들의 두상은 현생 인류보다는 원숭이에 더 가까웠지만 체모가 많이 사라졌고, 뇌의 크기는 현생 인류의 약 1/3 정도였다.

하빌리스의 화석은 원시적인 도구와 함께 발견되었다. 똑바로 서면 키가 150㎝ 정도인 하빌리스는 원시적인 말이 가능한 조직을 수용할 만큼 큰 뇌용량을 갖고 있었다.

**6500만 년 전**
최초의 영장류 등장
(5000만 년 전까지 살아남았다)

 **인간의 구조**

### 인간의 레시피를 알아보자

인간의 몸은 평균적으로 체중의 약 60% 정도가 물로 이루어져 있다는 사실을 알고 있을 것이다. 그런데 도대체 어디에 저장되어 있기에 아무데서도 흘러내리지 않는 것일까?

물은 대부분의 **세포 내 체액**, 즉 몸속의 살아 있는 세포 안에 담겨 있다. 체액이라고 하면 제일 먼저 떠오르는 혈액은 체중의 5% 정도에 불과하다. 체중의 40% 중 약 18%가 **지방**이고, 15%가 **단백질**, 그리고 나머지 7%는 주로 **뼈**를 이루고 있는 **미네랄**이다.

**지식 충전소**

인간의 몸은 기적으로 이루어져 있음에도 우리는 당연하게 받아들이고 있다. 간단한 명령을 수행하고 그에 못지않은 다양한 감정을 느끼기 위해서 뇌는 수많은 근육을 동시에 조정하고 활용해야 한다. 예를 들어 이 간단한 문장을 읽는 데에도 우리는 수없이 많은 눈의 근육을 압박하고 적절한 뇌 부위를 조화시켜 뜻을 통역하고 어떻게 느낄지 판독한다.

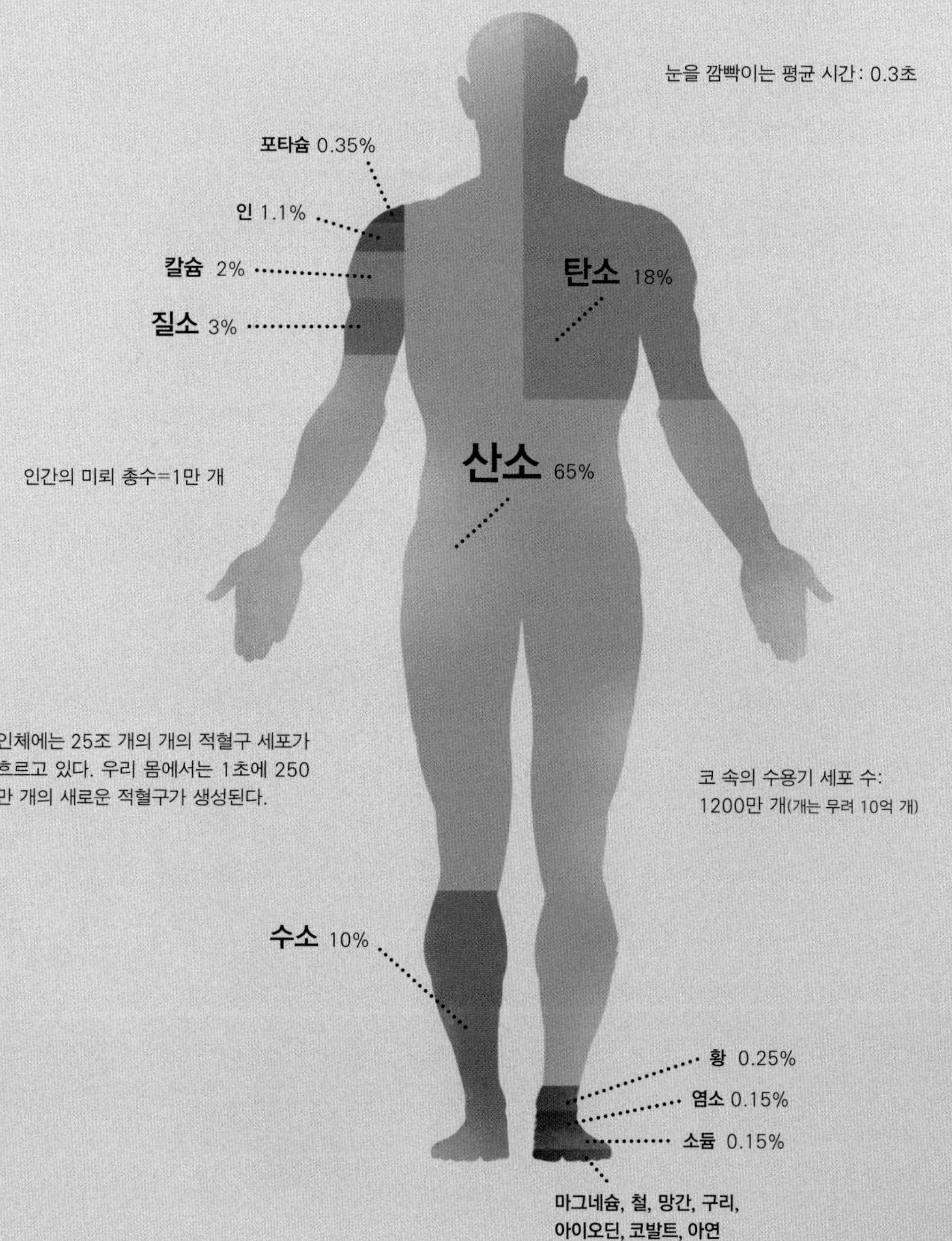
눈을 깜빡이는 평균 시간 : 0.3초
포타슘 0.35%
인 1.1%
칼슘 2%
질소 3%
탄소 18%
산소 65%
인간의 미뢰 총수=1만 개
인체에는 25조 개의 개의 적혈구 세포가 흐르고 있다. 우리 몸에서는 1초에 250만 개의 새로운 적혈구가 생성된다.
코 속의 수용기 세포 수: 1200만 개(개는 무려 10억 개)
수소 10%
황 0.25%
염소 0.15%
소듐 0.15%
마그네슘, 철, 망간, 구리, 아이오딘, 코발트, 아연

 # 디옥시리보핵산 (DNA)

디옥시리보핵산, 또는 우리가 흔히 말하는 DNA에는 생물체의 모든 **유전정보**가 담겨 있다. 이 사실을 처음 발견한 것은 1871년 스위스의 과학자 프리드리히 미셔 Friedrich Miescher(1844~1895) 이고, DNA가 어떻게 이루어져 있는지를 보여주는 정확한 **이중나선 구조**의 모델을 발견한 것은 1953년 미국의 과학자 제임스 왓슨 James D. Watson(1928~)과 영국의 과학자 프랜시스 크릭 Francis Crick(1916~2004)이다.

각 개체를 이루고 있는 DNA는 우리의 부모에게서 물려받은 것이다. 이것은 양쪽 부모를 이루고 있는 각 정보의 요소가 DNA에 담겨 전해진다는 뜻이다. 이 DNA의 조합이 똑같은 **염색체** 쌍을 이루며, 같은 난자에서 발생한 일란성 쌍둥이를 제외하고 형제자매 사이에서도 차이점을 만들어내는 요인이다.

인간의 DNA는 99.9%가 동일하다. 나머지 0.1%가 우리의 외모를 다른 개체와 구별되는 차이점을 만들어낸다. 이 0.1%로 인해 경찰은 **유전자 지문**을 이용해 범죄자를 찾거나 무죄를 입증할 수 있다.

### 지식 충전소

지구에 존재하는 모든 것은 예를 들어 빅뱅 같은 똑같은 장소에서 유래되었기 때문에 모든 DNA 요소를 공유하고 있다. 예를 들어 우리 인간의 DNA의 60%는 바나나의 그것과 거의 유사하다.

 # 뇌

뇌는 우리의 중심 기관이다. 기억을 유지하고 신체 기능을 조절하며 우리를 살 수 있게 하는 뇌의, 무엇보다 가장 중요한 기능은 '생각'을 한다는 데 있다. 인간이 불을 사용하는 방법을 배우고 고깃덩어리를 굽기 시작하면서 음식물을 소화시키는 데 쓰이던 피의 양이 확연히 줄어들었다. 이 여분의 피는 뇌의 사이즈를 키워 인간이 진화와 발전을 이룰 수 있게 함으로써 다른 무리보다 월등한 지위를 갖게 해주었다.

뇌는 **대뇌피질**, **소뇌**, **뇌줄기** 이렇게 세 부분으로 구성되어 있다. 대뇌피질은 다시 **전두엽**, **두정엽**, **측두엽**, **후두엽**으로 나뉘어 있다. 이 엽들은 **뉴런**과 **교세포**로 이루어져 서로 연결되어 있다. 뉴런은 온몸의 전기신호를 보내는 단조롭고 고된 일을 하며, 교세포는 뉴런을 보호하고 경호 역할을 하면서 영양분을 공급한다.

뇌에 관한 대부분의 연구에서는 뇌의 일부가 손상되거나 제거되었을 때의 행동을 관찰했는데 이것을 근거로 어느 부위가 어떤 기능을 책임지는지 알 수 있었다.

---

**지식 충전소**

뇌의 무게는 약 1.4kg으로 인간의 체중에서 상당 부분을 차지하는데 지구상에서 가장 큰 비율이다. 뇌에는 1000억 개의 뉴런이 존재한다. 78%는 물, 11%는 지질, 8%는 단백질, 1%는 탄수화물, 2%는 기타물질이다. 뇌의 저장용량을 정확하게 계산하기는 어렵지만, 1000tb 정도로 추산되고 있다.

## 대뇌피질

**두정엽**

우리가 받아들이는 대부분
의 감각 정보를 조합한다.

**후두엽**

시각적 인식을 담당하는
핵심기관.

**전두엽**

개인의 성격 형성과 사고력
에 관여하며 판단을 내린다.

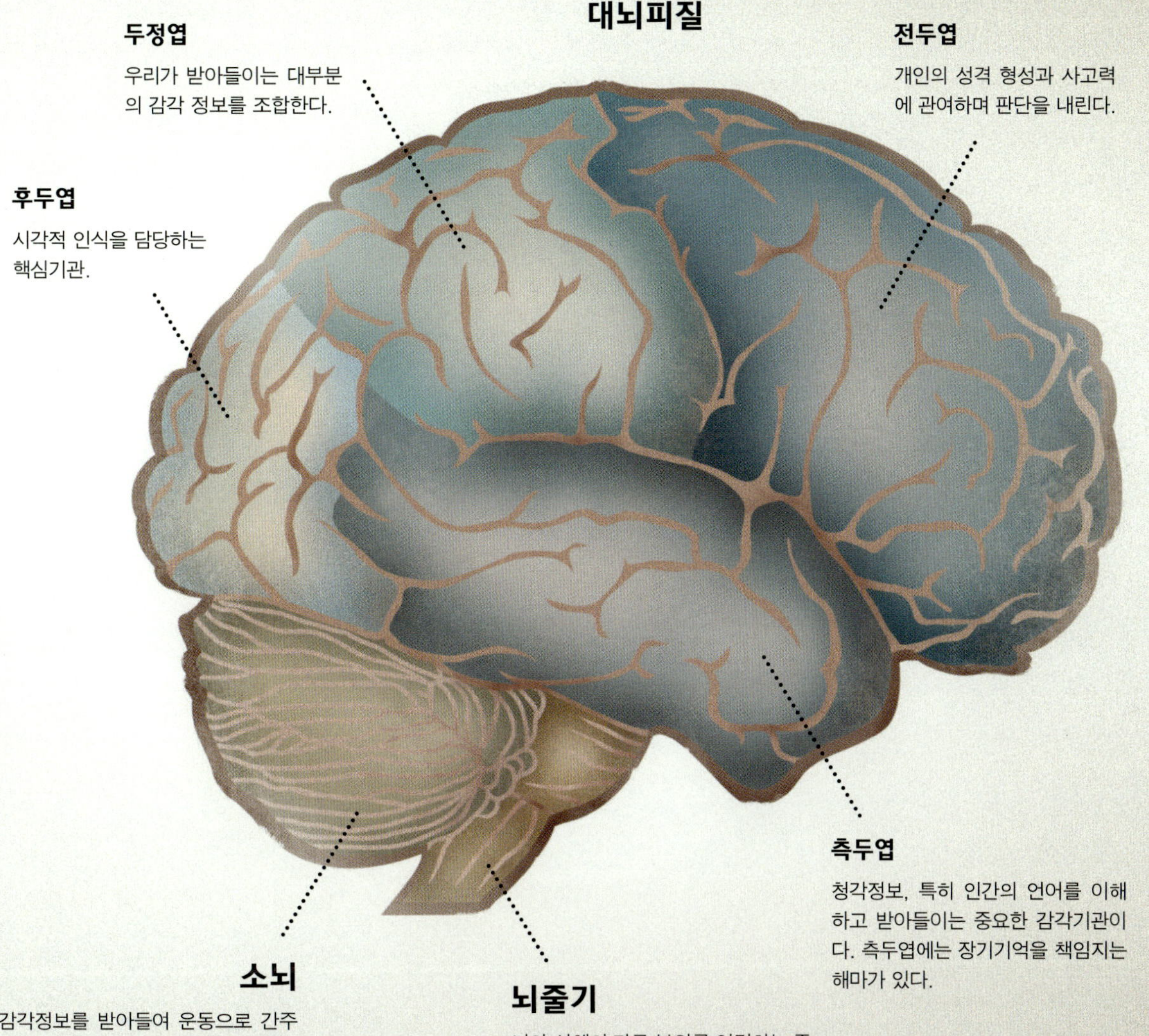

**소뇌**

감각정보를 받아들여 운동으로 간주
하고 신체의 관련 부위에 신호를 보
낸다.

**뇌줄기**

뇌와 신체의 다른 부위를 연결하는 중
요한 기관이다. 아래쪽의 반은 호흡
이나 심장박동 같은 생명유지에 직접
적이고 무의식적인 활동을 담당하는
숨뇌이다.

**측두엽**

청각정보, 특히 인간의 언어를 이해
하고 받아들이는 중요한 감각기관이
다. 측두엽에는 장기기억을 책임지는
해마가 있다.

뇌 속에 존재하는 뉴런의 수: 1000억 개

 **뼈와 근육**

　　인간의 뇌에 대한 연구는 아직 초기 단계에 있는 반면 신체에 대한 정보는 놀랍게도 발달해 있다.

　　성인의 몸에는 총 **206개의 뼈**가 있는데 몸 곳곳에서 서로 연결되어 **골격**을 이룬다. 인간의 주요 장기는 갈비뼈 안에, 뇌는 두개골 안에 담겨 있으며, 거의 모든 부위는 피부 층으로 덮여 보호받고 있다.

　　인간의 몸을 받치고 있는 600~800개의 근육은 **골격근**, **내장근**, **심근** 등 세 종류로 나뉜다. 먼저 골격근은 우리의 뼈를 연결하고 움직이는 역할을 한다. 우리는 의식적으로 이 동작을 조절한다. 내장근은 방광이나 위 등의 기관 벽을 이루고 있다. 이 근육은 별도의 지시 없이 자동적으로 작동한다. 마지막으로 심근은 **심장**에만 있는 유일한 심장근육으로 온몸에 피를 보내는 펌프기능을 한다.

**지식 충전소**

아기의 몸에는 300개가 넘는 뼈가 있으며 성인보다 무르다. 아기가 성인이 되면 연골이 골화되는데, 이 과정에서 몇몇 뼈가 융합되기 때문에 다 자란 성인의 몸에는 206개의 뼈만 존재한다.

# 근육 명칭 / 뼈의 명칭

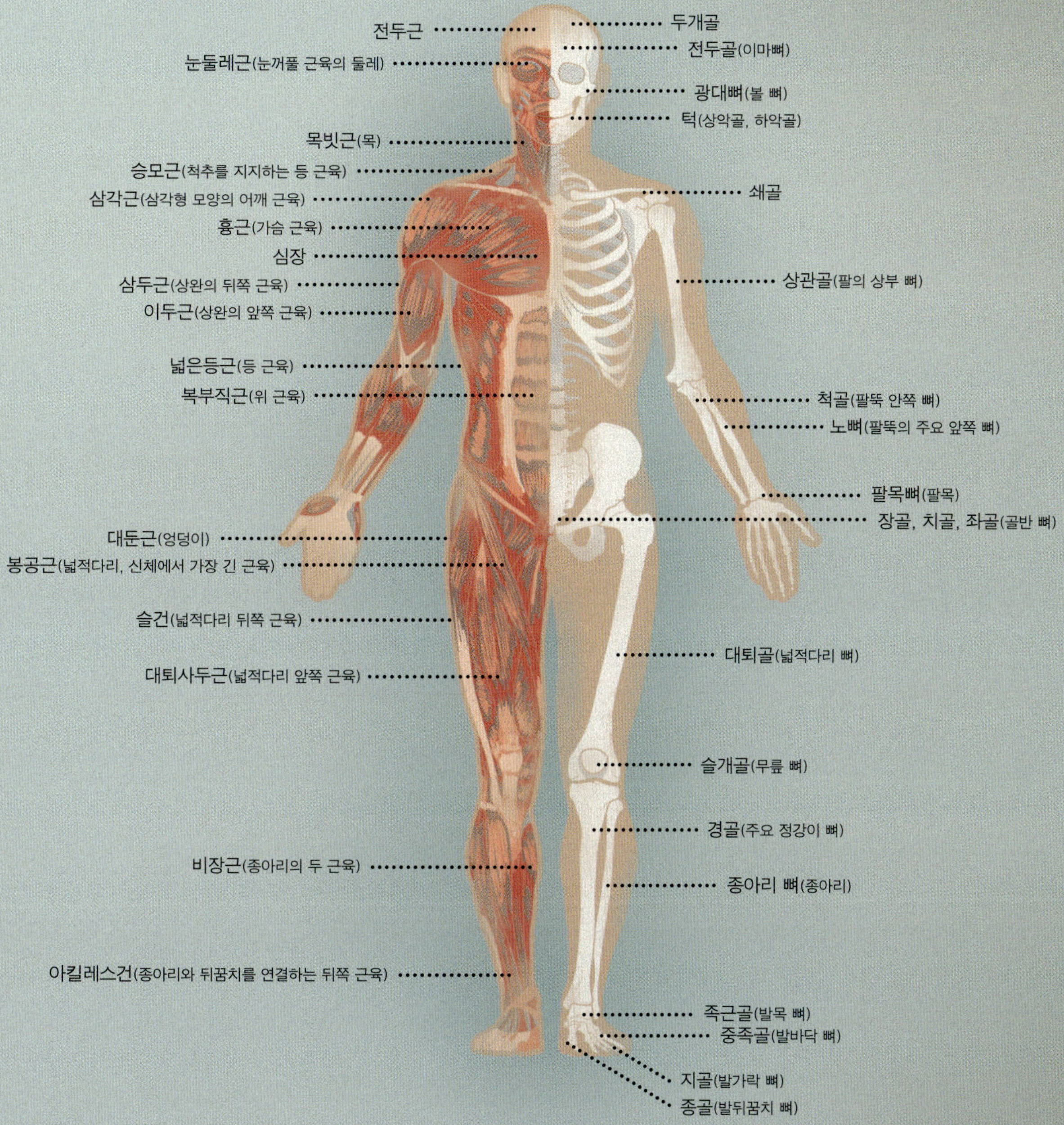

전두근 ·········· 두개골
눈둘레근(눈꺼풀 근육의 둘레) ·········· 전두골(이마뼈)
광대뼈(볼 뼈)
턱(상악골, 하악골)

목빗근(목) ··········
승모근(척추를 지지하는 등 근육) ··········
삼각근(삼각형 모양의 어깨 근육) ·········· 쇄골
흉근(가슴 근육) ··········
심장 ··········
삼두근(상완의 뒤쪽 근육) ·········· ·········· 상완골(팔의 상부 뼈)
이두근(상완의 앞쪽 근육) ··········

넓은등근(등 근육) ··········
복부직근(위 근육) ·········· ·········· 척골(팔뚝 안쪽 뼈)
노뼈(팔뚝의 주요 앞쪽 뼈)

·········· 팔목뼈(팔목)
장골, 치골, 좌골(골반 뼈)
대둔근(엉덩이) ··········
봉공근(넓적다리, 신체에서 가장 긴 근육) ··········

슬건(넓적다리 뒤쪽 근육) ··········

대퇴사두근(넓적다리 앞쪽 근육) ··········
·········· 대퇴골(넓적다리 뼈)

·········· 슬개골(무릎 뼈)

·········· 경골(주요 정강이 뼈)
비장근(종아리의 두 근육) ··········
·········· 종아리 뼈(종아리)

아킬레스건(종아리와 뒤꿈치를 연결하는 뒤쪽 근육) ··········

·········· 족근골(발목 뼈)
·········· 중족골(발바닥 뼈)

·········· 지골(발가락 뼈)
·········· 종골(발뒤꿈치 뼈)

 **감각**

머리와 두개골, 그리고 뇌의 중요성은 **다섯 가지 감각** 중 네 가지가 뇌에 담겨 이 영역에서만 작동된다는 사실이 밝혀지면서 입증되었다. **촉각**은 신체 전반에 걸쳐 존재하는 감각이지만, 압력 신호를 온몸에 보내는 과정 역시 뇌에 의해 조절된다.

인간은 대체로 시각적인 존재라고 할 수 있다. 빛이 눈으로 들어오면 안구 뒤의 망막에 초점이 맺히면서 사물을 볼 수 있다. 망막 세포 중 **시세포**와 **망막신경절 세포**는 받아들인 정보를 전기신호로 변환하여 뇌로 보내 사물을 인식하게 한다. 망막에는 색깔과 밝기를 조절하는 다른 세포들도 있다.

**음파**는 귀의 **고막**을 진동시킨다. 이 진동이 달팽이관을 지나면 그 안에 있는 유모세포가 신경 자극을 발생시켜 소리가 뇌로 전달된다.

미각은 미뢰가 자극을 받으면서 시작된다. **미각수용기**는 **단맛**, **신맛**, **쓴맛**, **짠맛**, **우마미** 등의 다섯 가지 미각을 감지할 수 있다. 가장 미묘한 맛인 우마미는 1908년에 발견된 제5의 미각으로 대부분의 사람들은 이런 맛이 존재하는지도 모르고 있다.

**후각**은 미각과 밀접하게 관련되어 있어 한 부분이 결핍되면 서로 영향을 미친다. 코 속에 있는 **후각수용기**가 자극을 받으면서 촉발되며, 미각수용기보다 후각수용기의 수가 훨씬 더 많다.

우리는 피부와 그 위의 **솜털에 있는 수용기**를 통해서 **감촉**을 느낀다. 이 수용기는 신체의 어느 부위에 있는지에 따라 민감한 정도에 큰 차이가 있다. 예를 들어 손바닥에 있는 수용기는 손등에 있는 것보다 훨씬 더 민감하다.

---

**지식 충전소**

망막을 지나는 시신경에는 사각지대가 존재한다. 왼쪽 눈을 감고 그림의 O를 28㎝만큼 떨어진 곳에서 바라보자. 책에서 천천히 멀어지면 X가 사라질 것이다.

눈을 깜빡이는 데 걸리는 시간은 0.3초이다. 즉 우리는 매일 30분 동안 깜빡이고 있으며 그 시간 동안 아무것도 보지 못하고 있다.

갓 태어난 아기의 눈에는 위와 아래가 거꾸로 보인다. 신생아의 뇌가 위와 아래를 제대로 받아들일 때까지 시간이 걸리기 때문이다.

코는 4,000가지에서 1만 가지의 냄새를 구별한다. 안타깝게도 나이가 들면 감지할 수 있는 냄새의 양이 줄어든다.

뇌에서 받아들이는 모든 감각 과정 중 **75%**가 **시각**이다.

뇌에서 받아들이는 모든 감각 과정 중 **12%**가 **후각, 미각, 촉각**이다.

뇌에서 받아들이는 모든 감각 과정 중 **13%**가 **청각**이다.

다섯 가지 감각 중에서 미각이 가장 취약하다.

과학자들은 데시벨(dB)로 소음을 측정한다. 속삭이는 소리는 20dB, 자동차 소음은 70dB, 총성은 140dB이다.

 # 장기는 어디에 있을까?

갈비뼈에 의해 보호받고 있는 인간의 몸통에는 뇌가 아닌 다른 **주요 장기**가 들어 있다. 이 조직 중에서 가장 중요한 것은 생명박동장치인 **심장**이라고 할 수 있다. 심장은 **산소가 풍부해진 혈액**을 온몸으로 보내 모든 기능을 하게 한다.

혈액에 담겨 운반되는 산소는 제일 먼저 **폐**에서 작용이 이루어진다. 폐가 확장되어 숨을 들이쉬면 신선한 공기가 주입된다. 이 공기 속에 들어 있던 산소는 적혈구의 **헤모글로빈**과 결합하여 이산화탄소를 방출하고, 이 이산화탄소는 폐가 수축하면서 배출된다.

**신장**은 피를 깨끗하게 유지하는 중요한 기관이다. 신장은 하루에 165L의 혈액을 걸러내고, 방광을 통해 노폐물과 잉여수분을 오줌으로 배출한다.

**간**의 기능은 다양하다. 그중 주요 기능으로는 담즙을 생산하여 음식물의 소화를 도우며 오래된 적혈구를 제거하여 피를 깨끗하게 유지할 수 있게 한다.

**창자**는 큰창자와 작은창자로 나눌 수 있는데 음식물을 분해하여 단백질, 지방, 탄수화물, 비타민 등을 추출한다. 작은창자의 길이는 6m에 이르지만 큰창자의 길이는 1.5m에 불과하다.

---

**지식 충전소**

인간은 무의식중에 호흡을 하지만, 돌고래는 모든 호흡을 의식적으로 결정한다.

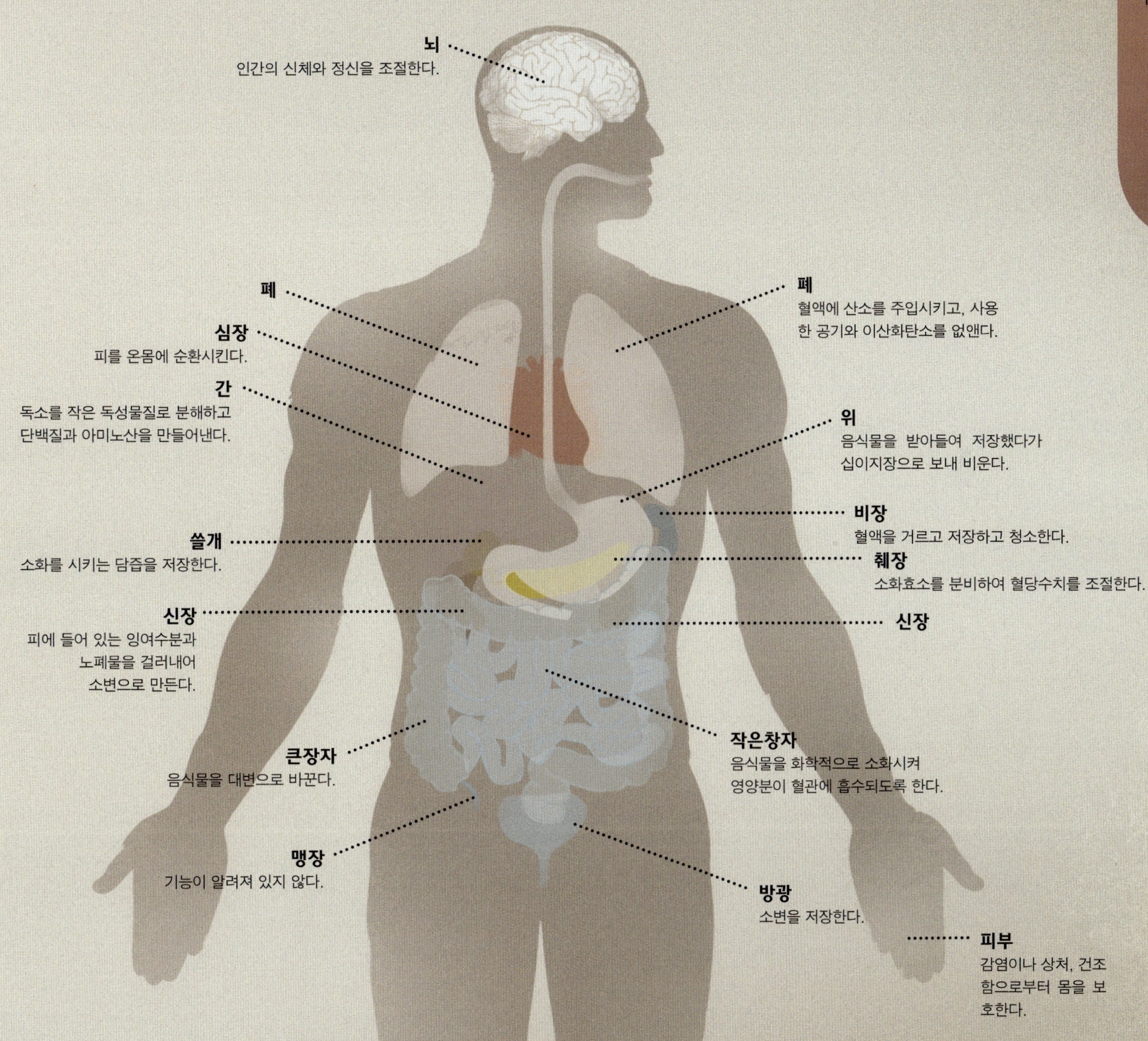


뇌
인간의 신체와 정신을 조절한다.
폐
폐
혈액에 산소를 주입시키고, 사용
한 공기와 이산화탄소를 없앤다.
심장
피를 온몸에 순환시킨다.
간
독소를 작은 독성물질로 분해하고
단백질과 아미노산을 만들어낸다.
위
음식물을 받아들여 저장했다가
십이지장으로 보내 비운다.
비장
혈액을 거르고 저장하고 청소한다.
쓸개
소화를 시키는 담즙을 저장한다.
췌장
소화효소를 분비하여 혈당수치를 조절한다.
신장
피에 들어 있는 잉여수분과
노폐물을 걸러내어
소변으로 만든다.
신장
큰장자
음식물을 대변으로 바꾼다.
작은창자
음식물을 화학적으로 소화시켜
영양분이 혈관에 흡수되도록 한다.
맹장
기능이 알려져 있지 않다.
방광
소변을 저장한다.
피부
감염이나 상처, 건조
함으로부터 몸을 보
호한다.

 **생태계의 순환**

　모든 생물의 가장 중요한 목적은 종족 유지이다. 우리 인간은 **성적 재생산**을 통해 종족을 유지한다.

　성적 재생산이란 **생식세포**를 결합 또는 조합하는 것이다. 인간의 경우 남성에게서 정자를, 여성에게서 난자를 결합하면 **접합체**라고 하는 새로운 세포가 탄생한다.

　각 생식세포에는 염색체 한 쌍이 담겨 있는데, 새로운 세포인 접합체는 양쪽 부모에게서 물려받은 두 쌍의 염색체가 담겨 있다. 이 염색체에는 부모에게서 아이에게 전해지는 **유전물질**이 담겨 있다.

　남성의 생식기관은 음경과 고환으로 이루어져 있다. 고환에서는 정자를 생산하고, 음경은 배달하는 기능을 한다. 정자는 오랫동안 살아남지 못하기 때문에 인간의 남성은 끊임없이 정자를 생산해야 한다.

　여성의 생식기관은 질과 자궁, 난소로 이루어져 있다. 난소에서는 난자를 생산하고, 자궁에서는 그 난자와 정자가 결합한다.

---

**지식 충전소**

성적 재생산 이전까지 세포는 그저 그들을 복제했을 뿐이었다. 이것은 복제 과정에서 실수가 발생했을 때 진화가 일어났음을 뜻한다. 성적 재생산은 진화의 속도를 빠르게 가중시킨 주요인이다.

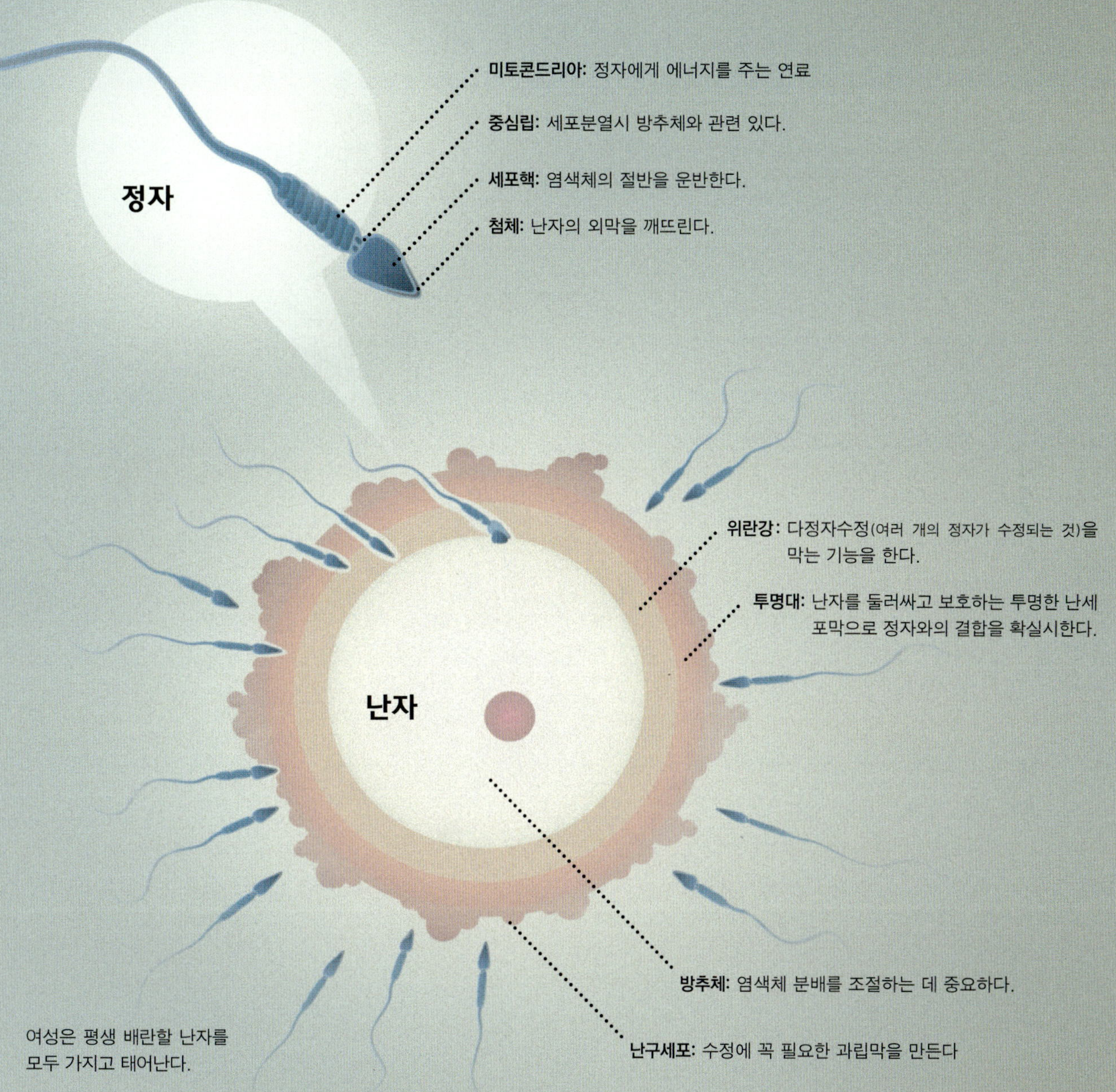
정자
미토콘드리아: 정자에게 에너지를 주는 연료
중심립: 세포분열시 방추체와 관련 있다.
세포핵: 염색체의 절반을 운반한다.
첨체: 난자의 외막을 깨뜨린다.
난자
위란강: 다정자수정(여러 개의 정자가 수정되는 것)을 막는 기능을 한다.
투명대: 난자를 둘러싸고 보호하는 투명한 난세포막으로 정자와의 결합을 확실시한다.
방추체: 염색체 분배를 조절하는 데 중요하다.
난구세포: 수정에 꼭 필요한 과립막을 만든다
여성은 평생 배란할 난자를 모두 가지고 태어난다.

 # 인체의 작동 원리

채집·수렵생활을 하던 인류는 진화를 거치면서 정착생활로 옮겨갔고, 다양한 종류와 엄청난 양의 음식을 소화할 수 있게 되었다. 우리의 소화기관은 이런 음식을 소화할 필요성에 따라 함께 진화했다.

**소화기관**의 첫 번째 진화 단계는 이에서부터 시작되었다. 일정 시간이 경과하자 이의 변화는 매우 현저하게 나타났다. 이로 음식을 자르는 능력은 점점 향상되어 위에서 음식물을 잘게 분해하는 행위를 도움으로써 좀 더 소화활동에 관여할 수 있게 되었다.

또 육류와 채소를 요리할 수 있는 **불**의 발견으로 소화기관은 두드러진 도약을 보이며 진화했다. 고기에서 좀 더 쉽게 **단백질**을 흡수하고, 식물의 영양소를 이용할 수 있게 해준 불이 없었다면 우리의 소화기관이 진화하는 것은 불가능했을 것이다.

신체를 조절하는 기관에는 다음과 같은 것들이 있다.

1. **호흡기관**(호흡을 조절한다)
2. **심혈관계**(혈류를 조절한다)
3. **소화기관**(음식물의 소화과정을 조절한다)
4. **내분비기관**(신체의 호르몬을 조절한다)
5. **면역체계**(신체를 보호하고 방어하는 기능을 조절한다)
6. **생식기계**(정자, 난자, 수정 생성을 조절한다)
7. **배설계**(노폐물을 조절한다)
8. **신경기관**(뉴런을 조절한다)

### 지식 충전소

불을 사용하게 되자 음식을 익힐 수 있게 되었고, 낮뿐만 아니라 밤에도 활동 시간이 확장되어 인간의 활동 영역을 넓힐 수 있었다. 이로써 인간의 삶은 태양에만 의존하지 않게 되었다.

**입**
음식물이 들어가는 기관으로 음식물을 씹어서 소화를 돕는다.

**목구멍**
의식적으로 음식물을 삼켜 목구멍으로 이동시킨다.

**식도**
위로 연결된다. 이 접속은 하부식도괄약근에 의해 차단된다.
음식물이 안으로 진입하면 이완된다.

**위**
음식물이 도착하면 본격적으로 일하기 시작한다. 이곳에서 음식
물은 소화액과 섞이는데 이 과정이 끝나면 작은창자로 내려간다.

**큰창자**
이곳에서 영양소, 지방, 탄수화물이 흡수되어 점액성분으로 바뀐
뒤 이자와 간으로 넘어가고, 나머지 잔해는 대장으로 내려간다.

**작은창자**
마지막 소화작용이 일어나는 곳이다. 남아 있는 약간의 잔해물에
서 유용한 영양소를 흡수한다.
이곳에 남은 것은 결장으로 밀려들어가고, 마지막 괄약근을 지나
항문을 통해 대변으로 배출된다.

우리의 몸은 이 시스템 과정에서 소화액을 생산하여 음식물의 분
해를 돕고 영양소를 흡수한다. 제일 먼저 입에서 침이 분비되고 후
간에서 생성된 담즙이 분비된다.

 # 말의 발달 과정

　모든 동물은 서로 의사소통을 하지만 그중에서 인간이(지금까지는) 가장 복잡한 수준의 대화를 하며 이것은 다른 무리보다 월등해질 수 있었던 가장 큰 요인이었다.

　거대원숭이 시기였던 1400만 년 전 초기 단계의 커뮤니케이션은 현대의 원숭이와 비슷했다. 우리에게 언어를 허락해준 첫 번째 발달 과정은 **이족보행**으로의 전환이었다. 이것은 신체에서 두개골의 위치가 바뀌고 성도의 길이가 길어지는 결과를 낳았다. 그로 인해 우리는 신체적으로 소리의 수를 더 많이 생산할 수 있게 되었다.

　호모 에르가스터(250만 년 전)와 호모 하이델베르겐시스(60만 년 전)의 시기에 엄마가 아이를 안심시키기 위한 '**옹알이**' 종류가 발생했고, 이것은 제대로 된 최초의 인간의 말이었던 것으로 보인다.

　한 가지 물질 이상을 사용해 만든 **도구의 화석**은 이들의 언어와 말이 훨씬 더 발달했음을 보여주는 증거이다. 이 화석은 도구의 구조에 대한 지식을 전달할 수 있는 몇몇 언어적인 커뮤니케이션이 가능했음을 시사하고 있다.

　**언어의 발달**에서 가장 큰 도약 중 하나는 시간이나 장소와 상관없는 것을 어느 때든 아무데서나 나타내는 능력이었다. 도구를 만드는 기술을 가르치는 것도 중요했지만, 생각을 하는 기능과 생각한 내용을 소리로 나타낼 수 있는 기능이 오늘날 우리가 쓰고 있는 언어능력의 발전을 가져왔다.

Taumatawhakatangihangakoa

---

**지식 충전소**

언어능력을 관장하는 뇌의 영역에는 뇌의 뒤쪽에 더 가까운 베르니케 영역과 앞쪽에 가까운 브로카 영역이 있다. 베르니케 영역은 우리가 하고 싶은 말을 결정하고, 브로카 영역은 근육에 자극을 보내 음성을 만들어낸다.

# 각국에서
# 가장 긴 단어들

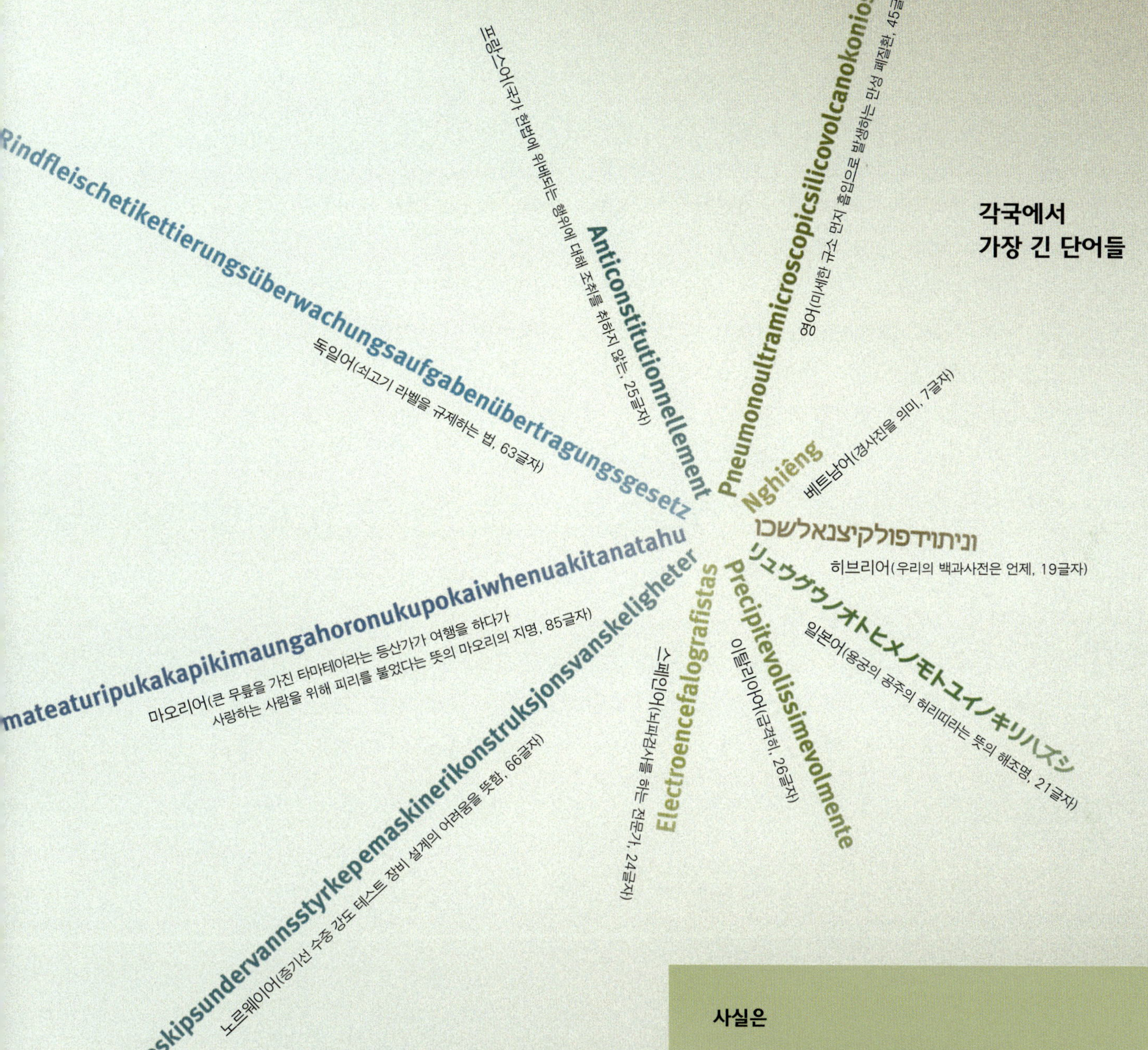


독일어(쇠고기 라벨을 규제하는 법, 63글자)

프랑스어(국가 헌법에 위배되는 행위에 대해 조치를 취하지 않는, 25글자)

영어(미세한 규소 먼지 흡입으로 발생하는 만성 폐질환, 45글자)

베트남어(경사진을 의미, 7글자)

히브리어(우리의 백과사전은 언제, 19글자)

일본어(용궁의 공주의 허리띠라는 뜻의 해조명, 21글자)

이탈리아어(급히, 26글자)

스페인어(뇌파검사를 하는 전문가, 24글자)

노르웨이어(증기선 수중 강도 테스트 장비 설계의 어려움을 뜻함, 66글자)

마오리어(큰 무릎을 가진 타마테아라는 등산가가 여행을 하다가 사랑하는 사람을 위해 피리를 불었다는 뜻의 마오리의 지명, 85글자)

**사실은**

hippopotomonstrosesquipedaliophobia, 알파벳 서른다섯 자로 이루어진 이 단어는 '긴 단어 공포증'이라는 뜻이다.

 **기억**

내가 나인 이유는 내가 겪었던 모든 경험들 때문이다. 그렇다면 기억은 나를 만들어내는 근본 요소라고 할 수 있다. 만약 기억이 없다면 우리는 매순간 새로 태어나는 것과 같을 것이다.

기억의 프로세스는 **인식**, **저장**, **검색**이라는 기본적인 **세 단계**를 거친다. 일반적으로 저장에는 단기기억과 장기기억의 영역이 있다.

어떤 사건이나 사실, 또는 단순히 누군가의 이름을 인식할 때 우리의 뇌에서는 감각을 통해 받아들인 메시지에 의해 **뉴런**이 활발하게 움직인다. 그리고 어떤 일을 떠올릴 때 똑같은 뉴런들이 똑같은 방식으로 활성화되면서 **기억**을 일깨운다. 이 기억의 과정은 컴퓨터를 사용한 가장 오래된 시스템인 펀치카드로 간단히 비유할 수 있다.

**단기기억**과 **장기기억**을 펀치카드로 비유하면, 단기기억은 구멍이 뚫리지 않은 상태라고 할 수 있다. 이를 반복적으로 인지하게 되면 기억은 단기기억에서 장기기억 공간으로 이동한다. 가령 전화번호를 보거나 듣고 전화를 거는 동안에는 그 숫자를 기억할 수 있지만 반복하지 않으면 곧 잊어버린다. 회사나 집, 친구 등 중요한 사람의 전화번호라면 반복적으로 전화를 거는 동안 확실하게 인지하게 되어 오래 기억할 수 있다.

> **지식 충전소**
>
> 청킹(의미덩어리 만들기)은 특히 숫자에 관한 기억력을 향상시키는 쉽고 간단한 방법이다. 우리는 전화번호 등을 외울 때 자연스럽게 머릿속으로 덩어리를 짓게 된다. 청킹의 최대치는 3단위이다.

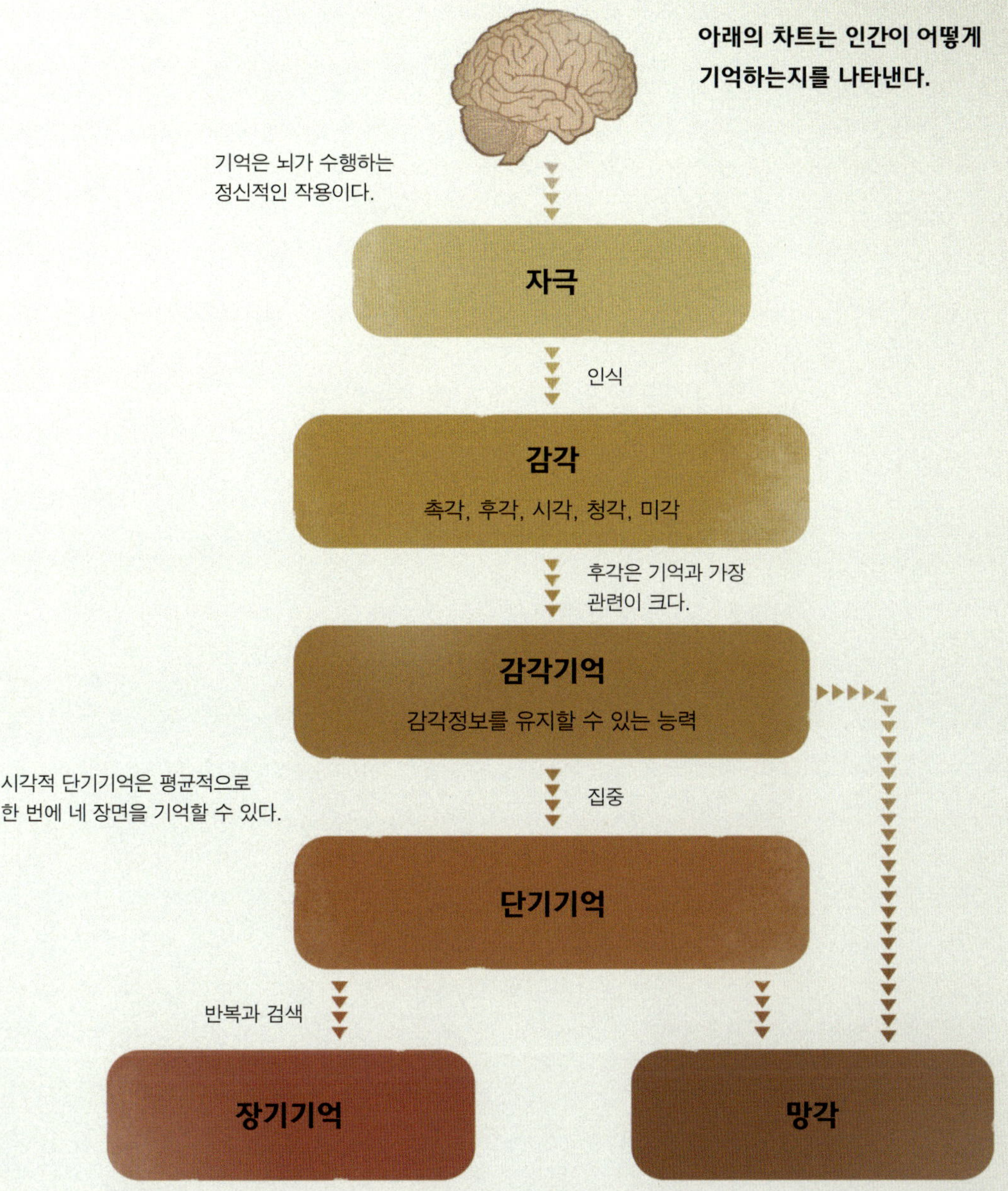


뇌의 해마는 우리의 모든 단기기억이 형성되고 저장되는 곳에 있으며, 단기
기억을 장기기억으로 바꿔준다. 따라서 누군가 우리에게 전화번호를 알려주
면 정보는 곧장 해마로 가서 기억된다.

 **수정에서 탄생까지**

이 시간표는 아기가 자궁에서 자라는 성장 과정을 자세히 설명한 것이다.

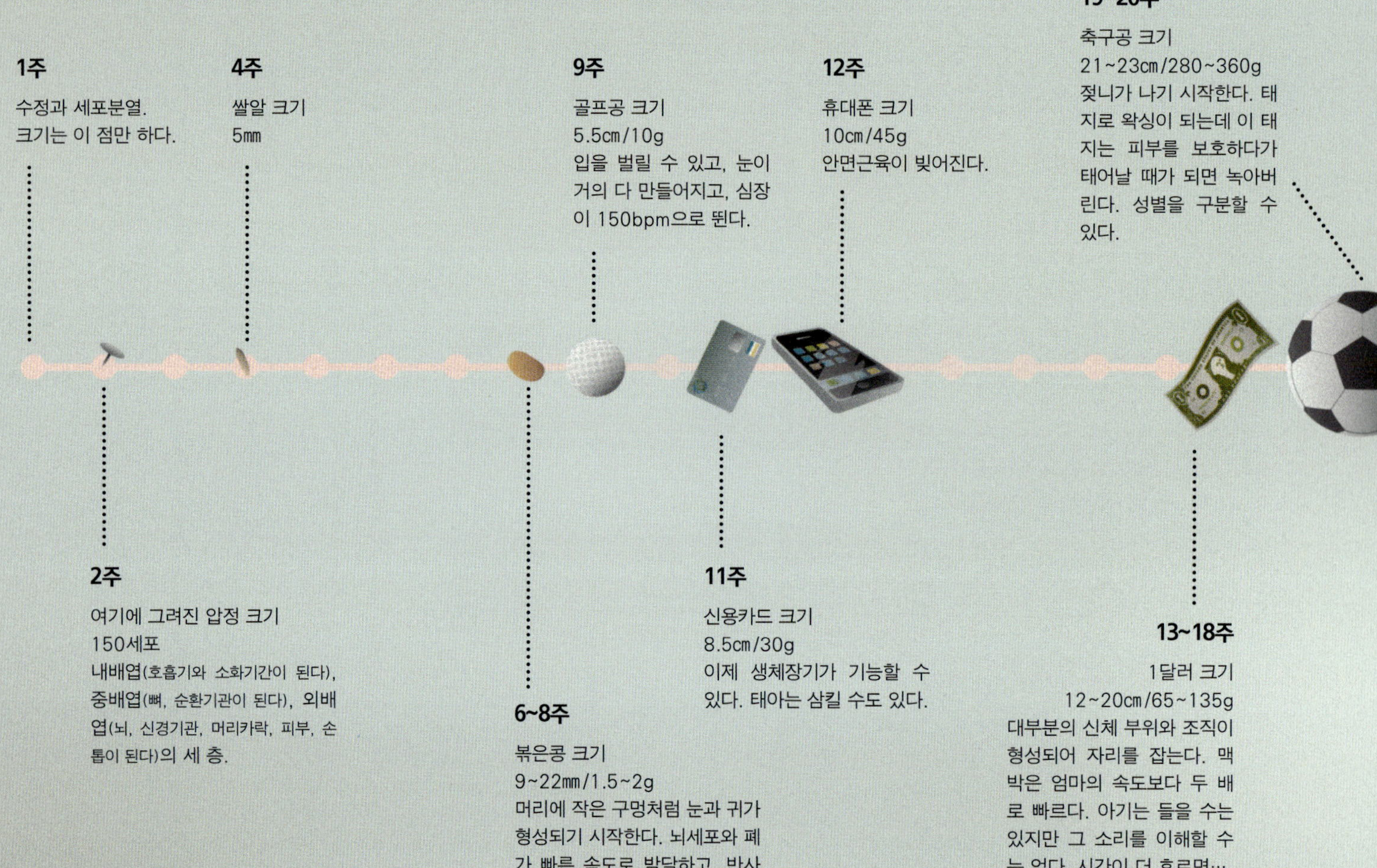

### 23~26주

28~32cm/550~740kg
지문이 생기기 시작하고 청
각기관이 완성된다. 뼈가 단
단해지고 엄지손가락을 빨
게 되며 울 수 있다.

### 22주

농구공 크기
26cm/480kg
질병과 싸우는 백혈구 세포가
만들어지기 시작한다. 피부는
아직 투명하다.

### 27~30주

35~37cm/900g~1.4kg
눈을 뜰 수 있다. 사내아이
는 고환이 내려온다. 음악
을 들으면 기억할 수 있다.
아기는 공간적인 여유를 느
낀다.

### 31~35주

40~45cm/1.7~3.2kg
태지와 라누고가 사라지기 시작하고,
아기는 숨을 쉬는 연습을 한다. 머리에
머리카락이 난다.

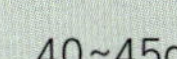

### 38주

50cm/2.8kg
세상의 공기를 들이마실 폐가
준비된다.

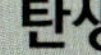

### 탄생



라누고<sup>lanugo</sup>는 엄마의 뱃속에서 자라고 있는 태아의 피부에 나 있는 보송보송하고
작은 털이다. 이 솜털은 양수 속에서 태아의 체온을 조절하다가 태어나기 직전에 사
라진다. 코끼리 등 일부 동물은 라누고에 감싸여 태어나기도 한다.

# 환경과 사회

 **인구 증가**

전 세계적으로 **농업과 농경의 기계화**에 따른 도시의 성장은 자연스러운 현상이었다. 기계화가 진행되자 노동자들에게 돌아가는 식량이 줄어들었기 때문에 사람들은 일자리를 찾아 도시로 이주할 수밖에 없었다.

일단 농장에서 공장으로 노동자들을 끌어들였지만 물건의 생산 방식이 점점 정밀해지고 전문화되면서 또 고비용으로 인해 도시는 **제조업**의 중심지로서의 중요성이 점점 줄어들었다. 개발도상국가에서는 대부분의 도시가 여전히 성장 중이고 도시에서 물건을 생산한다. 하지만 선진국의 도시는 물건을 생산하는 대신 상업·금융업 등 유통 중심의 서비스 산업으로 가득 차 있으며 그럼에도 불구하고 모든 것이 어디에서나 매매되고 있다.

이런 **거대도시**에 인구가 증가하면 어떻게 적응할 것인지, 도시는 두 가지 선택을 할 수 있다. 새로 짓거나 부수거나, 혹은 둘 다 하는 것이다. 거대한 **메트로폴리스**는 이렇게 주변의 소도시와 마을을 흡수하며 더 크게 성장한다.

대부분의 대도시에서는 거대도시라는 지위를 얻은 방법에서 공통점을 발견할 수 있다. 대부분의 경우 도시 주변에는 해변이나 강 같은 물이 있었다. 강, 항구, 해변 등의 수로 덕분에 물자를 수송할 능력이 있었던 것이다. 즉 도시가 성장하기 위해서는 가장 중요한 조건은 근처에 물이 있는 것이었다.

---

**지식 충전소**

영국에서 전통적으로 도시로 인정받는 조건은 주교구의 존재였다. 그 중 어떤 곳은 도시로 성장할 수 있었고, 몇몇 곳은 그대로 번화가로 남아 있다.

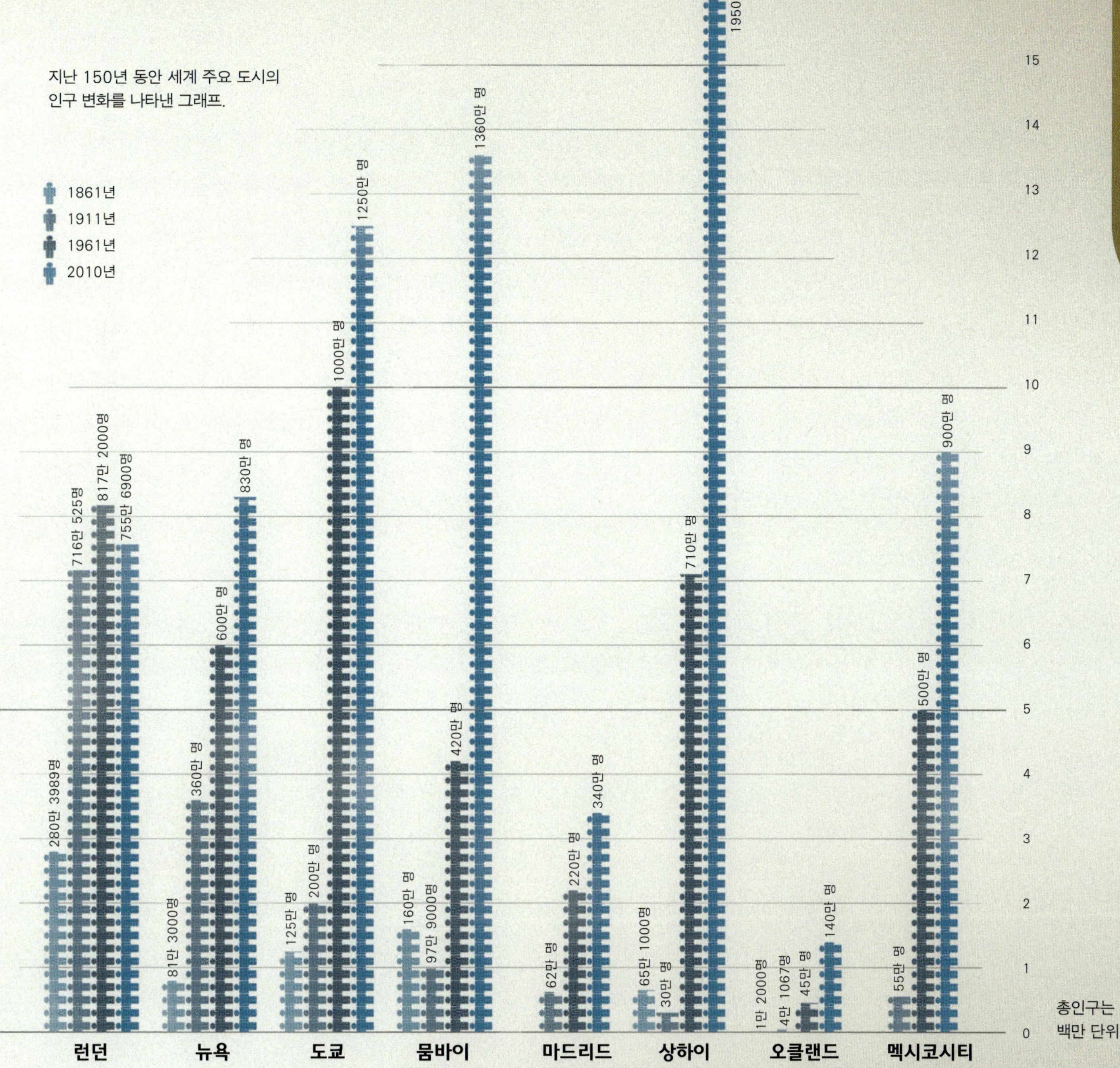
지난 150년 동안 세계 주요 도시의
인구 변화를 나타낸 그래프.
1861년
1911년
1961년
2010년
런던
280만 3989명
716만 525명
817만 2000명
755만 6900명
뉴욕
81만 3000명
360만 명
600만 명
830만 명
도쿄
125만 명
200만 명
1000만 명
1250만 명
뭄바이
160만 명
97만 9000명
420만 명
1360만 명
마드리드
62만 명
220만 명
340만 명
상하이
65만 1000명
30만 명
710만 명
1950만 명
오클랜드
1만 2000명
4만 1067명
45만 명
140만 명
멕시코시티
55만 명
500만 명
900만 명
총인구는
백만 단위

 **주식 생산**

지구의 인구가 **70억**에 가까워지면서 생긴 큰 고민거리는 이 인구를 어떻게 먹일 수 있을까 하는 것이다. 현대의 농업 기술은 점점 더 좁은 지역에서 더 많은 양을 수확하고 있기 때문에 부족하지 않게 식량을 공급할 수 있지만, 여기에는 언제나 거대한 직무가 따른다. 유엔세계식량계획 World Food Programme statistics, WFP이 조사한 통계치에 의하면 약 10억 명의 인구가 충분히 먹지 못하고 있다고 한다. 또 동시에 전 세계적으로 20%의 음식이 버려지고 있다는 낙관적인 수치도 제시하고 있다. 즉 우리 모두가 굶주리지 않아도 된다는 데에 많은 상상력이 필요하지 않다는 뜻이다.

나라마다 **주식**으로 먹는 음식에는 차이가 있다. 주식은 대체로 싸고 쉽게 영양소를 얻을 수 있는 음식이다. 특히 가난한 나라에서는 이러한 음식이 식단의 대부분을 차지할 것이다. 그런데 이런 주산물의 생산은 현재 몇 개국에서 독점하고 있다. 전 세계 80%의 식량이 세계 20%의 나라에서만 생산되고 있다.

**지식 충전소**

전 세계에서 1년에 소비하는 쌀의 양은 4억t에 달한다. 100g을 1인분이라고 했을 때 4조 인분에 해당하는 양이다.

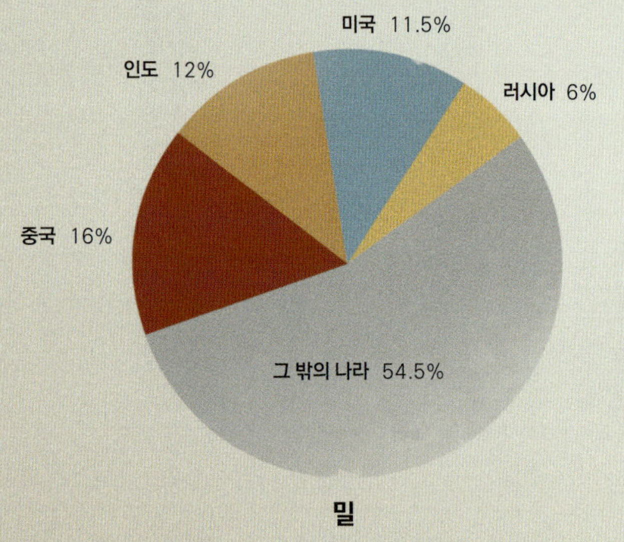


밀

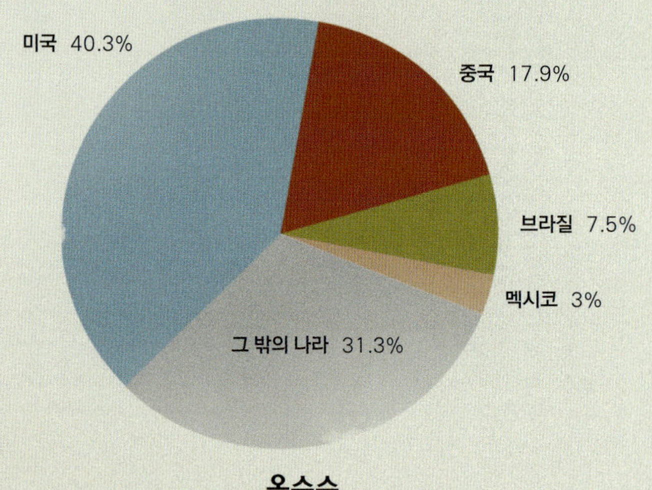


옥수수

# 원산국별 주식 생산비율(%)

러시아 11.3%
인도 8%
미국 6.2%
중국 22.1%
그 밖의 나라 47.6%
감자
중국 28.3%
인도 22.4%
인도네시아 8.8%
방글라데시 6.5%
그 밖의 나라 34%
쌀

중국 12.8%
인도 4.4%
오스트레일리아 3.5%
미국 20%
그 밖의 나라 59.3%
소
인도 21%
브라질 9%
필리핀 9%
중국 9%
그 밖의 나라 52%
바나나

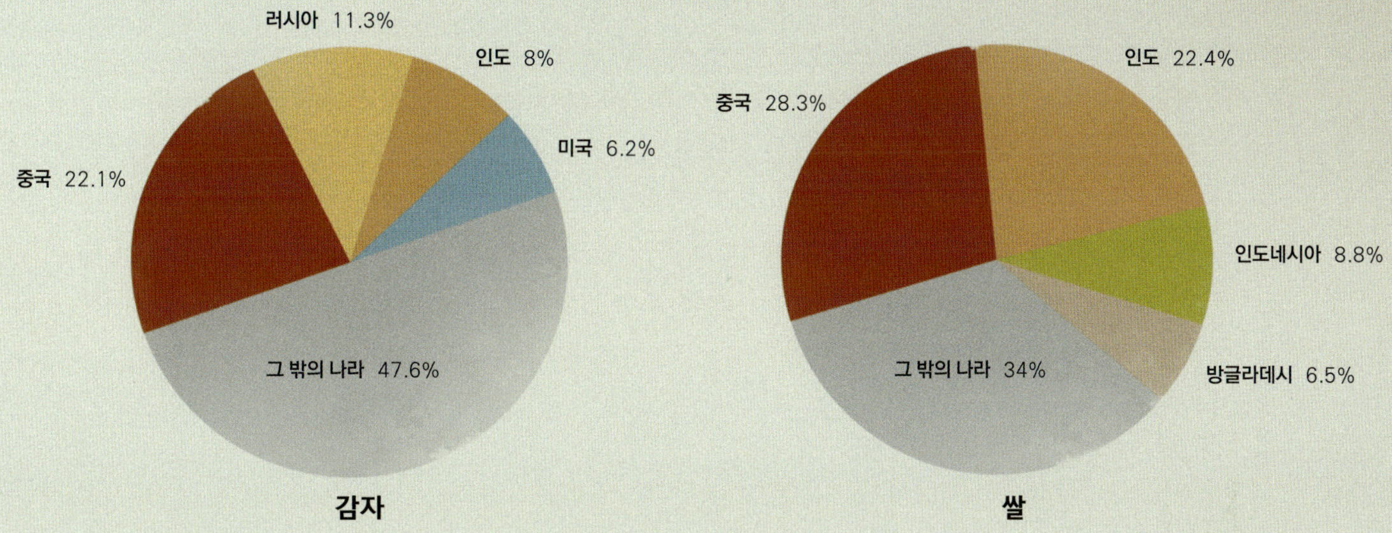

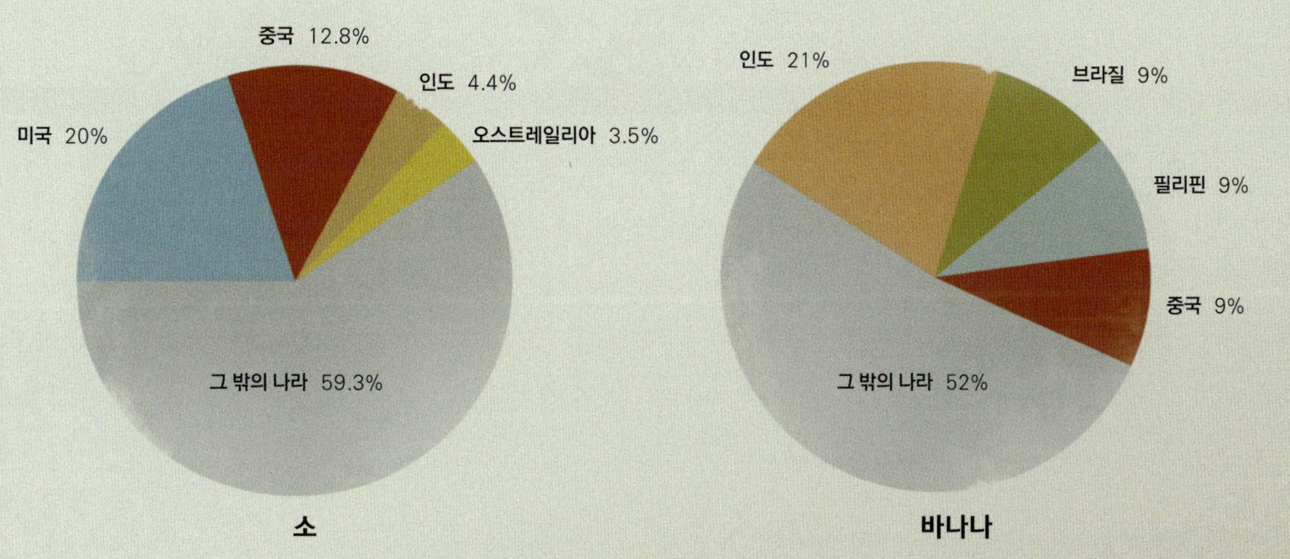

 **예술과 과학**

예술의 시초는 약 3만 년 전의 **동굴벽화**라고 할 수 있다. 이것을 보면 초기 인류가 주변 환경을 묘사한 것 중에 왜 압도적으로 동물이 많이 발견되는지 이해할 수 있다.

1993년 영국의 컨셉 아티스트 데미안 허스트 Damien Hirst는 'Mother and Child Divided'라는 작품을 전시했다. 네 개의 포름알데히드 수조로 구성된 이 작품은 두 개의 작은 수조에는 송아지가 반 마리씩 들어 있고, 나머지 두 수조에도 소가 반 마리씩 들어 있다.

예술은 오랫동안 여행을 해왔지만 또한 그 자리에서 움직이지도 않았다.

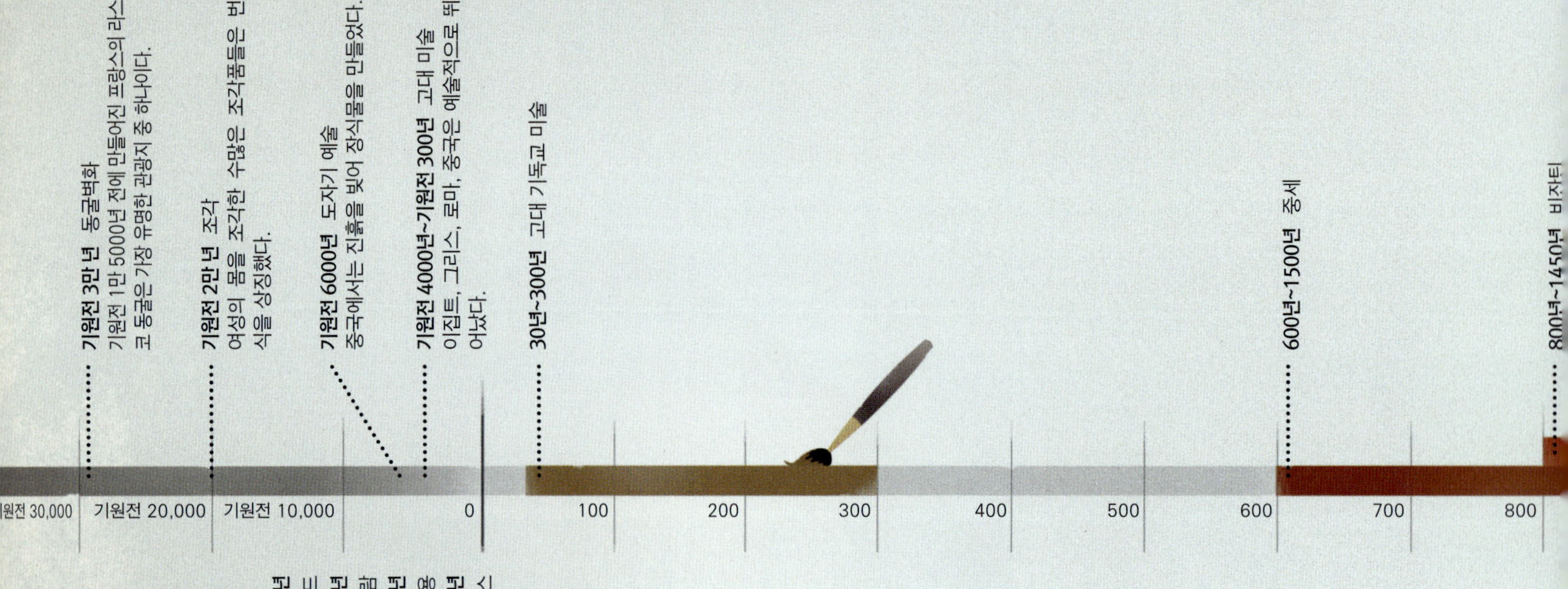


이 연대표는 몇몇 예술의 가장 위대한 성과와 시대를 나타낸 것이다.

**지식 충전소**

프랑스 미술가 앙리 마티스는 20세기 초 현대예술에서 빼놓을 수 없는 주요 인물이다. 1961년 그의 작품 '보트Le Bateau'가 뉴욕 현대미술관에서 열린 전시회에서 거꾸로 걸린 적이 있었다. 매우 인기 있는 전시작품이었음에도 불구하고 미술관을 찾아온 관람객 중 이 실수를 알아챈 사람은 아무도 없었으며, 전시회가 시작된 지 47일 만에야 똑바로 걸릴 수 있었다.

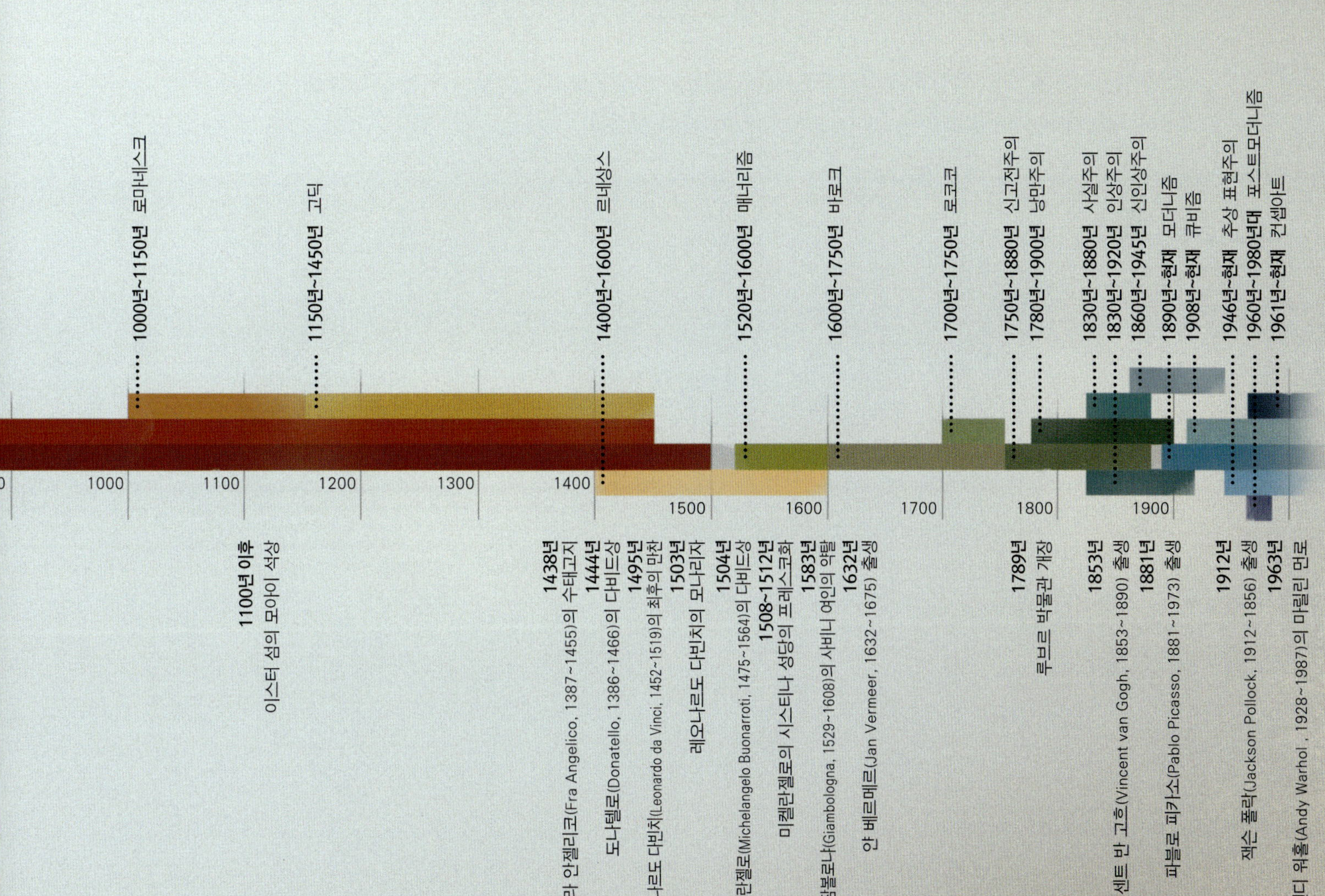

# 05.04 사운드 오브 뮤직

동물의 가죽을 평평하게 당겨 막대기로 두드리는 것에서부터 동물의 뼈다귀로 바위를 두들기는 것까지, 그리스어로 '뮤즈를 위한 예술'이라는 뜻의 음악은 인간의 문화에 엄청난 영향을 미쳤다.

음악이 어떻게 우리의 삶에서 떼어놓을 수 없는 일부가 되었는지 밝혀내는 것은 불가능하지만, 새들의 노랫소리부터 벌레들의 리드미컬한 울음소리까지 자연은 우리에게 충분한 본보기를 제공해주었다.

음악의 주요 부분 중 하나는 **클래식**이다. 클래식은 1500년이 넘는 기간 동안을 점령했다. 이 시기에 음악 양식의 발달이 이루어졌는데 20세기 초까지는 상대적으로 느리고 억제되었었다. 1900년 이후 클래식은 다양한 분야로 발전했다.

오늘날 우리는 수많은 라디오와 텔레비전 채널 덕분에 낮이든 밤이든 상관없이 방송을 들을 수 있다. 예를 들어 한 채널에서 뮤지컬 장르를 보다가도 순식간에 중세 시대의 음악으로 거슬러올라갈 수도 있다.

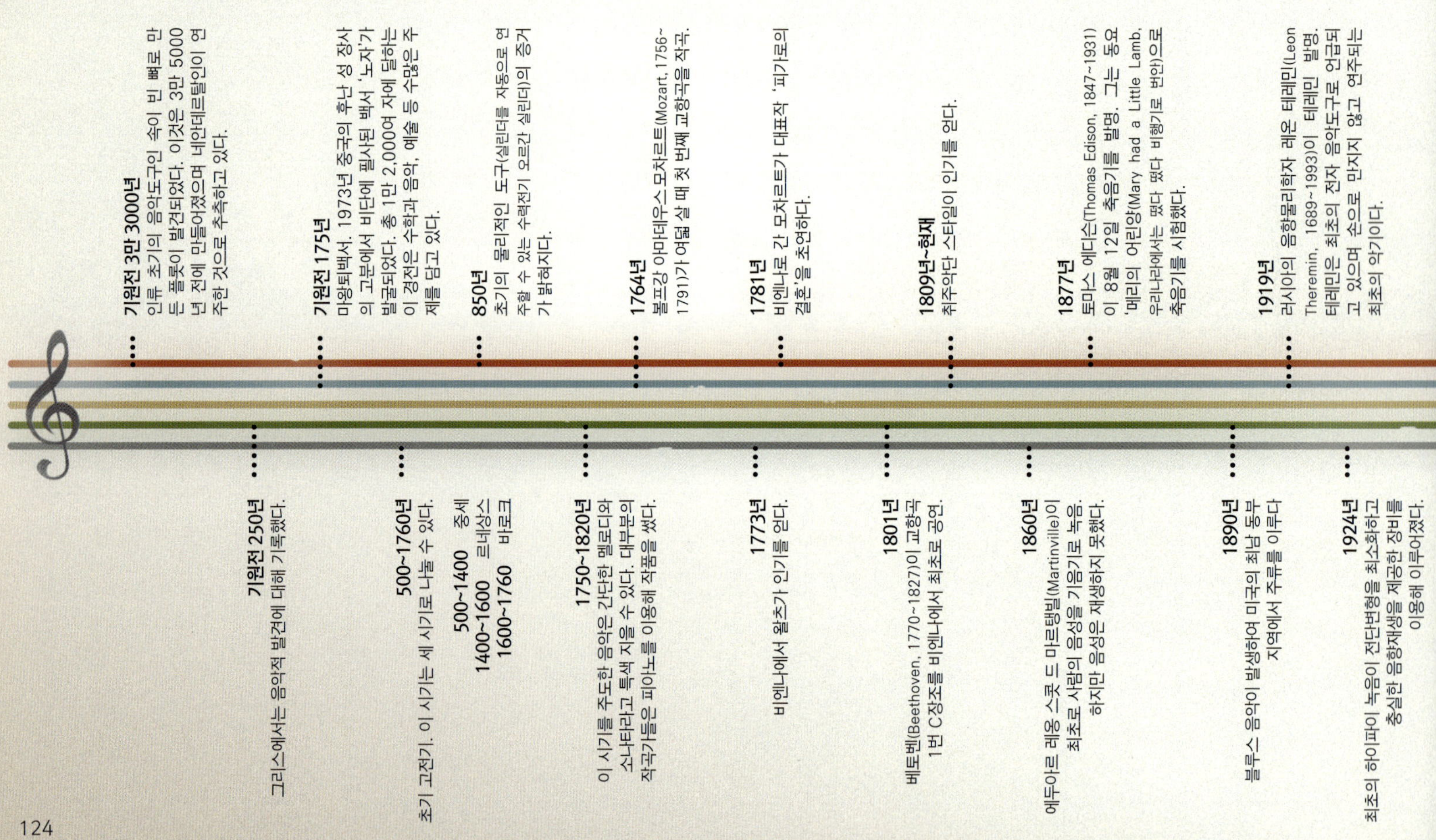

**지식 충전소**

2008년 인터넷에서 다운로드된 모든 음악의 95%가 불법적인 경로를 통한 것이었고 십대의 아이팟에 담긴 곡 중 평균 800여 곡이 불법다운로드로 추정되었다. 2010년 아이팟(세계에서 가장 인기 있는 온라인 디지털 미디어 스토어)에서는 7년여 동안 100억 곡이 팔렸다고 발표했다.

## 음악의 위대한 성과 연대표

**1928년** 자기테이프가 개발되어 녹음과 방송음악에 혁신을 일으켰다.

**1934년** 미국인 기술자 로렌스 해먼드(Laurens Hammond, 1895~1973)가 해먼드 전기 오르간을 발명.

**1935년** 독일인 기술자 프리츠 플로이머(Fritz-Pfleumer, 1881~1945)가 K1으로 알려진 최초의 오픈릴 식 테이프 녹음기를 시연하다(자기 테이프를 이용해).

**1946년** 엘비스 프레슬리(Elvis Aaron Presley, 1935~1977)가 투펠로의 철물점에서 12달러에 첫 기타를 사다.

**1948년** 콜롬비아 레코드사에서 장시간 연주한 최초의 LP 레코드판을 선보이다. 이 LP는 양쪽에 음악을 17분 동안 재생할 수 있었다.

**1951년** 컴퓨터 프로그래머 조프 힐(Geoff Hill)이 오스트레일리아에서 멜로디를 연주하여 컴퓨터로 프로그램하다. 컴퓨터로 만든 최초의 멜로 음악.

**1963년** 열세 살의 '리틀' 스티비 원더('Little' Stevie Wonder, 1950~)가 열두 살 때 녹음했던 'Fingertips'로 첫 번째 메이저 히트곡을 갖게 되다.

**1964년** 리버풀 밴드 비틀즈(The Beatles)가 영국의 〈에드 설리번 쇼〉에서 7300만 시청자가 보는 가운데 연주하다.

**1966년** 밥 골드스타인(Bob Goldstein)이 '다중매체'multimedia'라는 용어를 만들다.

**1976~1982년** 필립스와 소니 제조사가 최초의 콤팩트디스크 타입을 개발.

**1977년** 평균 음악이 음악적 풍경을 변화시키다.

**1981년** MTV 출시, 첫 번째 비디오는 버글스(The Buggles)의 'Video Killed the Radio Star' 였다.

**1982년** 마이클 잭슨(Michael Jackson, 1958~2009)이 'Thriller' 음반 발표. 이 앨범은 현재도 가장 많이 팔린 베스트 앨범 중 하나로 선정되어 있다. 이 앨범에는 일곱 곡의 뮤직비디오가 있다.

**1994년** 롤링 스톤즈(The Rolling Stones)는 인터넷 라디오(가상세계의 멀티캐스트)를 통해 최초로 라이브 연주를 한 밴드가 되었다.

**1999년** 숀 패닝(Shawn Fanning)과 숀 파커(Shaun Parker)가 디지털 오디오 정보자가 파일을 공유할 수 있는 최초의 프로그램인 냅스터를 발명.

**2001년** 10월 23일, 애플사가 매끈한 아이팟(휴대용 미디어 플레이어)을 출시.

**2008년** 11월 최초로 인터넷을 통한 음악 다운로드가 CD보다 더 많은 수익을 올리다. 아이튠스는 10억이 넘는 곡을 아이튠스 스토어에서 판매했다고 발표했다.

**2010년** 십대 팝스타 저스틴 비버의 뮤직비디오가 웹사이트 유튜브에서 10억 뷰를 기록.

 **이 시대의 가장 위대한 책들**

역사상 최고의 베스트셀러

**홍루몽**(1791)
조설근(曹雪芹, 1715추정~1763)

100만 부가 팔렸다.
조설근은 120회의 이야기 중
80회를 썼다.

**두 도시 이야기**(1859)
찰스 디킨즈
(Charles Dickens, 1812~1870)

2억 부가 팔렸다.
디킨즈가 작품을 연재한 주간
지 'All the Year Round'는
31주 동안 화제가 되었다.

**하이디**(1880)
요하나 j. 슈피리
(Johanna Spyri, 1827~1901)

6000만 부가 팔렸다.
1968년 미국 풋볼리그 게임
이 하이디 정규방송 편성 때문
에 결승전 1분을 남겨놓고 중
단되었다. 경기가 재개된 후
시청자들은 오클랜드 레이더
스가 역전승을 거두는 장면을
목격했다.

**그 여자**(1887)
H. 라이더 해거드
(H. Rider Haggard, 1856~1925)

6500만 부가 팔렸다.
《그 여자》는 '그 여자를 보는
사람은 모두 숭배하게 된다'는
내용의 스토리이다.

**어린 왕자**(1943)
생떽쥐베리
(Saint-Exupéry, 1900~1944)

8000만 부가 팔렸다.
소행성 B612에 살고
있는 어린 왕자의 이야
기이다. 실제로 1993
년에 발견된 소행성에
어린왕자를 기념하여
'46610 베시두즈'라는
이름을 붙였다.

지금까지 성경은 40억 부가 팔렸다. 현대의 베스트셀러로 손꼽히고 있는 조앤 K. 롤링 Joan K. Rowling(1965~)의 해리 포터 시리즈(전 7권)는 1997년《해리포터와 현자의 돌(한국 출간 제목은 해리포터와 마법사의 돌)》이 출간된 이래 4억 5000만 부가 팔렸을 뿐만 아니라 할리우드 영화로 제작되어 수십억 달러를 벌어들였다.

**사자와 마녀와 옷장**(1950)
C.S. 루이스
(C.S. Lewis, 1898~1963)

1억 부가 팔렸다.
《나니아 연대기》7권 중 첫 번째 권이다. 루이스의 사망일은 존 F. 케네디가 암살당한 날과 같다.

**호밀밭의 파수꾼**(1951)
J.D. 샐린저
(Jerome David Salinger,1919~2010)

1억 2000만 부가 팔렸다.
1980년 마크 채프먼이 록스타 존 레논을 살해했을 당시 소지하고 있던 책이다.

**반지의 제왕**(1955)
J.R.R. 톨킨
(J.R.R. Tolkien, 1892~1973)

1500만 부가 팔렸다.
반지의 제왕은 집필하는 데 12년이 걸렸고, 출간하기까지는 6년이 더 걸렸다.

**연금술사**(1988)
파울로 코엘료
(Paulo Coelho, 1947~)

6500만 부가 팔렸다.
생존한 작가 중 가장 많이 번역된 소설이다. 코엘료는 그의 몇몇 소설을 무료로 다운로드 할 수 있도록 블로그에 올려놓았다.

**다빈치 코드**(2003)
댄 브라운(Dan Brown, 1964~)

8000만 부가 팔렸다.
소설이 픽션임에도 불구하고 몇몇 기독교 교파 사이에서 '다빈치 코드' 불매운동이 전개되었다.

 **텔레비전의 역사**

1925년 스코틀랜드인 **존 로지 베어드** <sup></sup>John Logie Baird(1888~1946)가 발명한 텔레비전은 선진국에서는 대부분의 가정에 한 대 이상 구비되어 있는 가전제품이다. 텔레비전은 한 세기가 지나기도 전에 전 세계에 보급되었으며 인간의 생활방식을 크게 바꾸어놓았다.

선진국에서는 주당 평균 20시간 이상 텔레비전을 시청한다. 일하거나 자는 것을 제외하면 대부분의 시간 동안 텔레비전을 시청하면서 보내는 것이다. 또 텔레비전을 시청하지 않는 상당수의 시간에는 자신이 본 텔레비전 프로그램에 대해 떠들어댄다.

자료에 의하면 각 가정의 **텔레비전 소유율**은 이미 높지만, 위성 텔레비전의 도입과 사용가능한 채널수의 확대로 **텔레비전 판매**가 증대되었다고 한다. 이제 다양한 옵션으로 가족구성원 전원이 서로 다른 텔레비전 프로그램을 동시에 시청하는 것은 흔한 일이 되었다. 현재 미국에서는 75%의 가정에 한 대 이상의 텔레비전이 구비되어 있으며, 50% 이상의 가정은 3대 이상을 소유하고 있다.

**1900년**
러시아 과학자 콘스탄틴 페르스키(Constantin Perskyi, 1854~1906)가 '텔레비전'이라는 용어를 만들어냈다.

**1906년**
러시아의 과학자 보리스 로징(Boris Rosing, 1869~1933)이 브라운관에 텔레비전 영상을 투영하는 기술을 최초로 고안했다.

**1925년 10월 2일**
스코틀랜드의 과학자 존 로지 베어드가 최초로 텔레비전에 움직이는 이미지를 전송했다.

**1928년**
미국인 찰스 젠킨스(Charles Jenkins)가 최초로 텔레비전 방송국을 열었다.

**1930년 3월 30일**
BBC에서 시험방송을 했다.

**1936년**
BBC가 알렉산드라 팰리스에서 세계 최초로 텔레비전 방송을 했다. 이때 전 세계적으로 보급된 텔레비전의 수는 1,000여 대에 불과했다.

**1936년**
베를린 올림픽은 텔레비전으로 방송된 최초의 스포츠 경기였다.

**1940년**
CBS 네트워크에서 일하던 미국인 피터 골드마크(Peter Goldmark, 1906~1977)가 컬러텔레비전을 발명했다.

**1939년~1945년**
제2차 세계대전 동안 거의 모든 지역에서 텔레비전 방송이 중단되었다.

**1941년**
세계 최초로 텔레비전에 상업광고를 한 업체는 부로바 시계이다. 20초 동안 방영된 이 광고의 비용은 9달러였다.

**1946년**
존 로지 베어드 사망

**1947년 10월 5일**
해리 트루먼(Harry Truman, 1884~1972) 대통령의 연설이 최초로 TV로 방송되다.

**1949년**
미국에 100만 대의 텔레비전이 보급되다.

**1951년**
미국에 1000만 대의 텔레비전이 보급되다.

**1952년 6월 30일**
미국에서 〈가이딩 라이트(The Guiding Light)〉가 초연되다. 이 드라마는 37년에 라디오 방송으로 시작해 52년부터 텔레비전 드라마로 방영된 세계에서 가장 오래된 연속극으로 2009년 9월에 종영했다.

**1953년**
미국에 2500만 대의 텔레비전이 보급되다.

**1954년**
월드컵 축구경기가 텔레비전으로 방영되다.

**1954년**
미국에서 컬러텔레비전 방송이 도입되다.

**1960년**
영국에서 〈코로네이션 스트리트(Coronation Street)〉가 시작했다. 이것은 현재도 방영되고 있는 세계에서 가장 오래된 드라마이다.

**1962년**
최초의 텔레비전 중계 위성 텔스타(Telstar)가 발사되다.

**1969년 7월 20일**
전 세계 인구 중 6억 명이 달 착륙을 시청하다.

**1997년 9월 6일**
세계 인구 중 20억 명이 영국의 다이애나 전 황태자비의 장례식을 시청하다.

**2007년**
스페인 국영텔레비전에서 투우경기 방영을 중단하다.

**2009년**
3D 텔레비전이 판매되고 있다.

**지식 충전소**

1982년 세이코에서 1.5인치 화면의 텔레비전 시계를 생산했다.

 **영화**

최초의 피처필름(장편극영화)은 1906년의 오스트레일리아 영화 〈캘리 갱 이야기〉The Story of the Kelly Gang〉로 알려져 있다. 러닝타임이 70분인 이 영화는 그때까지 제작된 어느 필름보다 상영시간이 길었고 우리가 알고 있듯이 프랑스의 **뤼미에르 형제**가 만들어낸 최초의 영화보다 10년도 더 지난 후에 개봉했다.

오귀스트Auguste Lumiere(1862~1954)와 루이 뤼미에르Louis Lumiere(1864~1948) 형제가 1895년 최초로 대중에게 공개한 영화는 영화 발전에 **두 가지 커다란 진전**을 가져왔다. 영화 〈돈 후안Don Juan〉에는 대화는 없었지만 최초의 **동시음향** 필름이었다. 최초의 '진짜' 유성영화는 1927년에 개봉한 〈재즈 싱어 The Jazz Singer〉이다. 유성영화가 소개되면서 수많은 영화 스타들의 커리어는 끝장이 났고 영화산업은 그들을 뒤돌아보지 않았다.

또 다른 주요 진전은 **컬러의 도입**이다. 1910년대 중반까지 사용하던 2원색 시스템은 1932년 디즈니에서 〈꽃과 나무Flowers and Trees〉를 발표하면서 3원색 컬러텔레비전의 생산시대로 접어들었다.

그 이후로는 주로 영상의 크기와 형태에서 커다란 진전이 이루어졌으며, **3D 화면**에 대한 집착은 오래도록 계속되었다. 이런 기술은 약 1920년대에 첫 번째 황금기를 맞이했다가 1950년대 초부터 21세기 초까지 하락한 후 최근 다시 주류로 진입했다. 현재 수많은 블록버스터 영화가 2D와 3D로 동시에 만들어지고 있다.

---

**지식 충전소**

'아카데미 메리트상The Academy Award of Merit'은 오스카상으로 더 알려져 있다.
미국영화예술과학아카데미The Academy of Motion Picture Arts and Sciences는 1927년에 창립되었다.

## 할리우드 영화의 역대 흥행수입

(물가 상승에 따라 백만 달러 기준으로 환산한 금액이다)

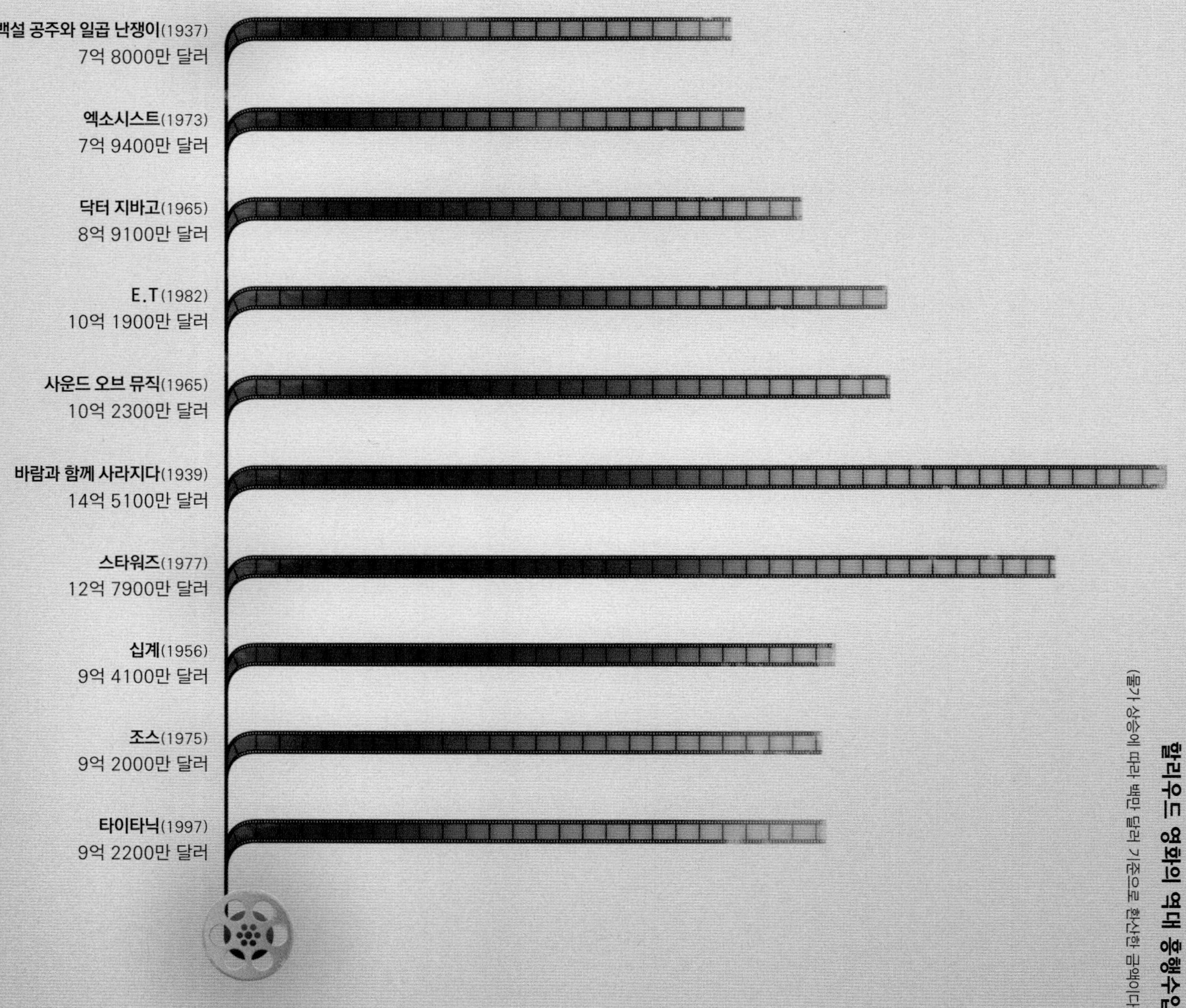

 **역사 속의 스포츠**

다음은 스포츠 역사상 가장 위대한 순간들이다.

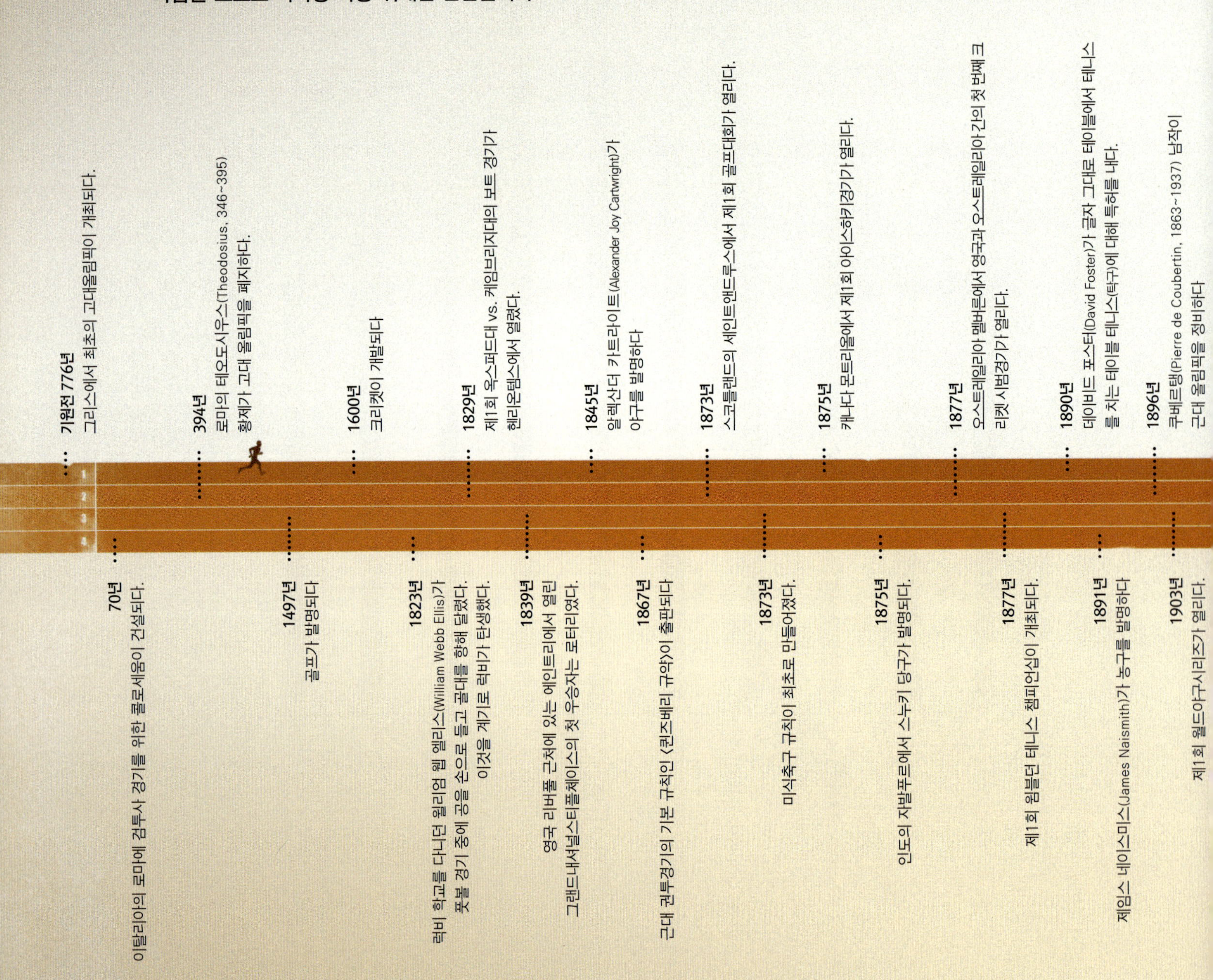

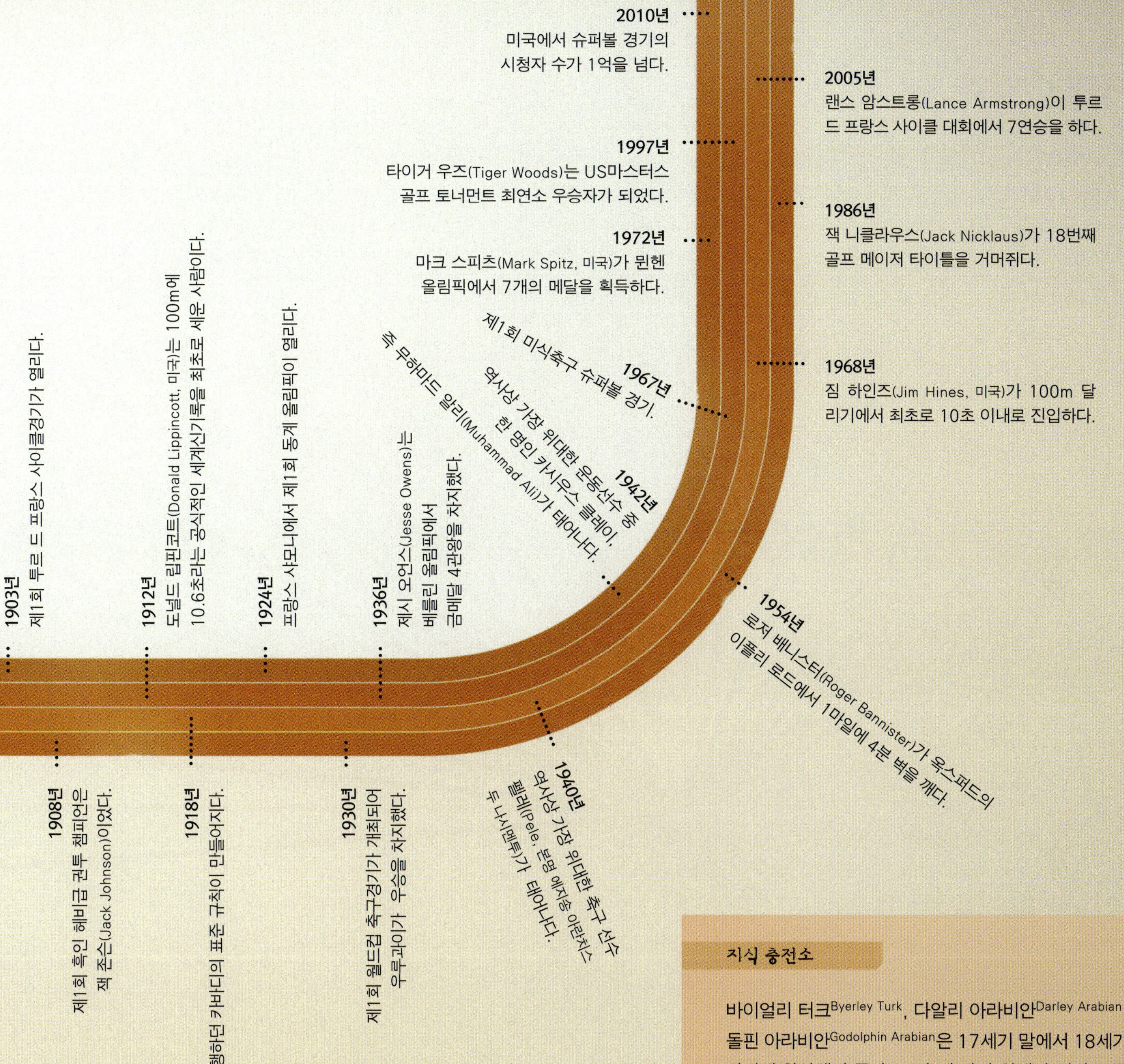


### 지식 충전소

바이얼리 터크Byerley Turk, 다알리 아라비안Darley Arabian, 고돌핀 아라비안Godolphin Arabian은 17세기 말에서 18세기 초 사이에 활약했던 종마로, 이 세 말이 현대의 거의 모든 순종 말의 시조이다.

 **세계의 언어**

15만 년 전 인간이 말을 시작한 이래… 우리는 말하기를 멈춘 적이 없다.
　흔히들 미국과 영국은 한 언어를 쓰는 분리된 나라라고 말한다. 지구상에 존재하는 사람들이 사용하는 언어는 약 7,000종에 달한다.

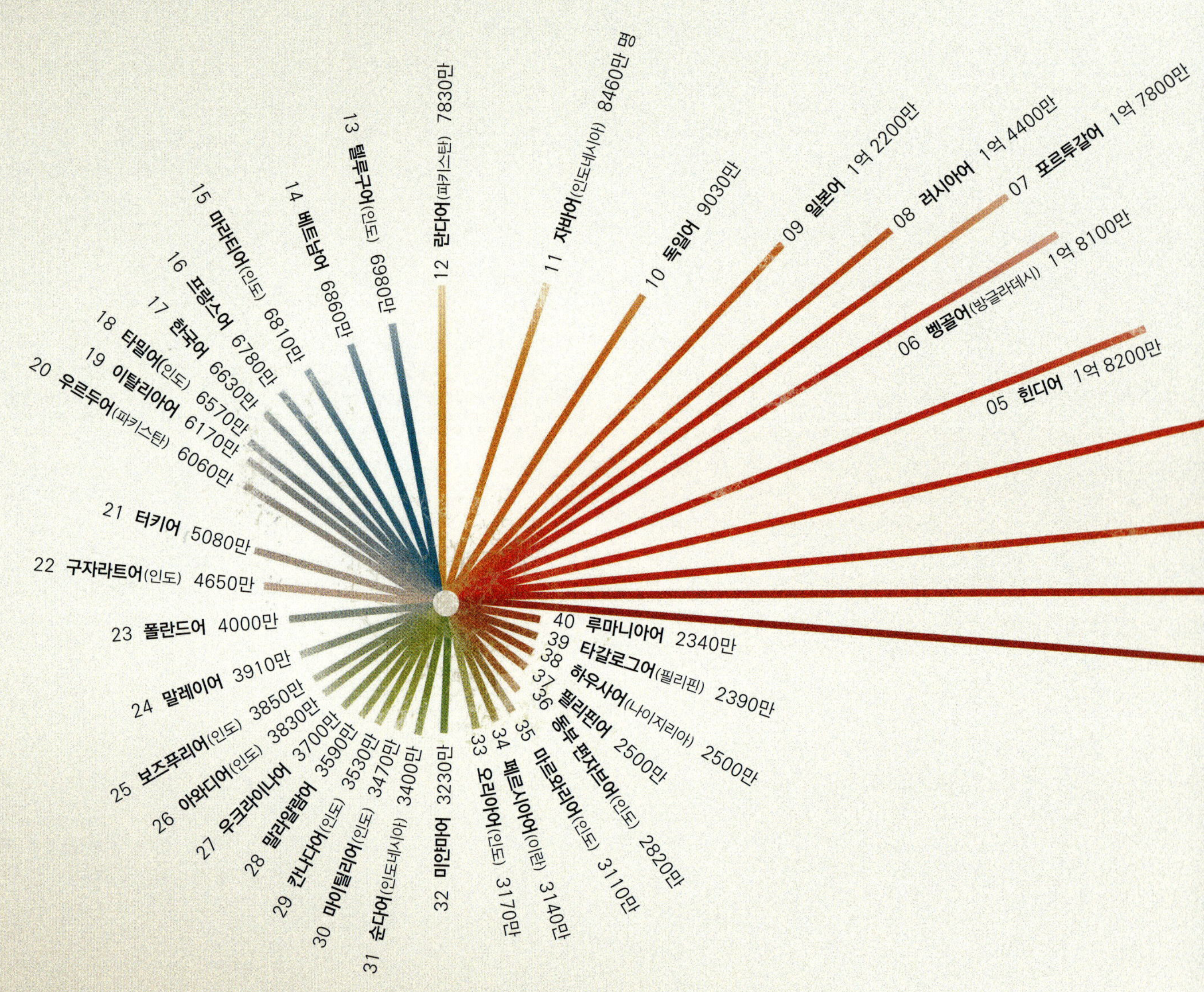

전 세계에는 7,000종의 언어가 있는데 향후 100년 이내에 절반 이상이 소멸될 것으로 전망하고 있다. 이런 경향은 2008년 알래스카의 앵커리지에서 향년 89세로 사망한 마리 스미스 존스Marie Smith Jones 할머니의 예로 입증되었다. 마리 스미스 존스 할머니는 한때 코퍼 강 유역에서 가까운 알래스카 남부에 자생했던 토속어 아야크어의 마지막 사용자였다. 존스 할머니는 말년에 아야크 사전을 편집하는 알래스카 대학의 연구팀을 도왔는데, 이 덕분에 아야크어는 미래에 다시 한 번 부활할 기회를 얻게 되었다.

04 **아랍어** 2억 2100만

03 **영어** 3억 2800만

02 **스페인어** 3억 2900만

01 **중국어**(만다린어, 한어, 객가어, 후이저우어, 진위어, 민베이어, 미둥어, 민난어, 민중어, 샹어, 우어, 위에어) 12억 1300만

단위: 명

사람들의 모국어는 대체로 인구수와 비례한다.
대부분의 사람들이 모국어 이외의 언어는 사용하지 않기 때문이다.
하지만 영어와 스페인어만큼은 원주민보다 더 많은 사람들이 쓰고 있다.

 **오염과 지구**

　최근 전 세계에서 **가장 오염된 도시 10곳**이 선정되었는데 이런 악명은 자동차에 대한 의존도가 증가했기 때문이다. 이 도시들의 문제점 중 하나는 도시에서 일하는 노동자 중 상당수가 도시에 살 능력이 안 되기 때문에 도시 외곽의 집에서 일터까지 **차**를 몰아야 한다는 것이다. 자동차 오염 문제는 **베이징, 카이로, 다카, 뉴델리**, 그리고 특히 낮에는 인구가 네 배나 증가하는 **부에노스아이레스** 같은 대도시의 주요 관심사이다.

　탄자니아의 수도 **다르에스살람**에는 이 나라의 80%에 육박하는 산업이 집중되어 있으며 주민들은 **쓰레기와 바이오매스**(석탄, 분탄 등등 모든 생체연료)를 거리에서 태운다. **모스크바**에서는 최근 **산불**이 일어나 오염 문제에 박차를 가했다. **멕시코시티**는 산업과 차량의 복합적인 문제가 더위, 즉 건기가 오염에 한 표를 추가했다.

　이 수치의 전당에 오른 마지막 두 도시는 러시아의 **제르진스크**와 중국의 **린펀**이다. 제르진스크는 냉전이 종식된 1990년대까지 소련에서 수많은 생화학무기를 생산한 곳으로, 이 '비밀' 도시는 관리가 소홀한 **산업 배출물**로 인해 여전히 고통 받고 있다. 공식적으로 세계에서 가장 오염이 심각한 도시 린펀은 차, 높은 인구, 석탄을 떼는 악명 높은 **화력발전소** 등의 단순한 조합이 원인이다.

### 지구상에서 가장 해로운 오염물질 6가지

| | 이유 | 주요 문제 |
|---|---|---|
| **1. 이산화탄소** | 화석연료의 연소와 삼림벌채 | 지구온난화의 증대 |
| **2. 이산화질소** | 화석연료의 연소 | 지구의 보호막 오존층을 파괴 |
| **3. 입자상 물질** | 도로, 불, 건축물 | 폐에 침입 |
| **4. 이산화황** | 화석연료의 연소 | 폐 기관 압박 |
| **5. 납** | 산업(휘발유에 사용된다) | 특히 신경계, 신장 기능, 면역체계를 파괴 |
| **6. 일산화탄소** | 주로 자동차 배기가스 | 산소 흡입 방해 |

**그 밖의 나라들**　32.93%

1952년 겨울, 영국 런던에서 며칠 동안 지속적으로 스모그가 발생했다. 이 스모그로 오염된 공기를 들이마신 사람들 중 4,000여 명이 호흡장애와 질식으로 사망했다. 이 사건은 1956년 대기오염방지법을 제정하는 계기가 되었다.

## 세계 10위의 오염국가
국가 간 비율과 연간 $CO_2$량(천 톤)

6. 독일 2.69%
(787,936)

5. 일본 4.28%
(1,254,543)

7. 캐나다 1.90%
(557,340)

4. 러시아 5.24%
(1,537,357)

8. 영국 1.84%
(539,617)

3. 인도 5.5%
(1,612,362)

9. 한국(남한) 1.72%
(503,321)

10. 이란 1.69%
(495,987)

2. 미국 19.91%
(6,538,367)

1. 중국 22.30%
(29,321,302)

 **변화하는 세계: 지구온난화**

　'지구온난화'는 1975년 월레스 브뢰커Wallace Broecker(1931~)가 쓴 과학기사 〈기후의 변화: 지구온난화에 대한 명백한 신호인가?〉에 처음 등장한 용어이다. 지구 **기후의 변화**와 그 영향은 전 세계에 당면한 급박한 문제 중 하나이지만 어떤 정부도 단호한 행동을 보이고 있지 않다.

　문제는 정확히 1880년부터 측정하기 시작한 지구의 **평균기온이 0.8℃나 올라갔다**는 증거가 명확함에도 불구하고, 온난화가 더 심해지면 장차 어떤 결과가 일어날지 심지어 미래가 어떻게 변화할지 의견일치를 이루지 못하고 있다는 것이다. 이것은 뚜렷한 계획이 없거나 세계에서 가장 힘 있는 산업국가들이 아무런 행동도 취하지 않으려 하기 때문이다.

　지구의 미래에 대해 비관적인 예측을 하는 과학자들은 온도 상승의 속도가 증가해 일정 온도를 넘어서면 지구의 대기, 대양, **생태계는 회복할 수 없는 데미지**를 입고 결코 되돌릴 수 없을 것이라고 예측한다. 하지만 낙관론자들은 그럼에도 불구하고 지구는 **자기조절시스템**이 있기 때문에 현재의 온도상승은 더 이상 문제가 되지 않을 것이며 머지 않아 다른 방법으로 회복될 것이라고 전망한다. 지구의 기상학적 역사는 이런 일시적인 문제로 가득 차 있다.

　만약 비관론자들의 믿음대로라면 온도상승이 계속된다면 지구는 대참사를 맞이할 것이다. 예를 들어 강수량의 증가로 홍수가 일어나면 생존에 꼭 필요한 농경지가 침식되면서 전 세계의 식량이 부족해질 것이다. 또 온난화에 의해 **빙모가 녹아내리면** 해수면이 올라갈 것이다.

---

**지식 충전소**

공인된 지구온난화의 주범 중 하나는 공기 중에 배출되는 이산화탄소이다. 사람들이 사용하는 차, 열차, 비행기가 가장 악독한 주범 중 상위를 차지한다. 그런데 2008 UN보고서에 의하면 지구온난화를 유발하는 배기가스의 18%는 가축에 의한 것이라고 한다. 이들이 배출하는 가스와 변에서 생성되는 메테인의 수치는 이산화탄소보다 20배나 더 위험한 것으로 나타나 있다.

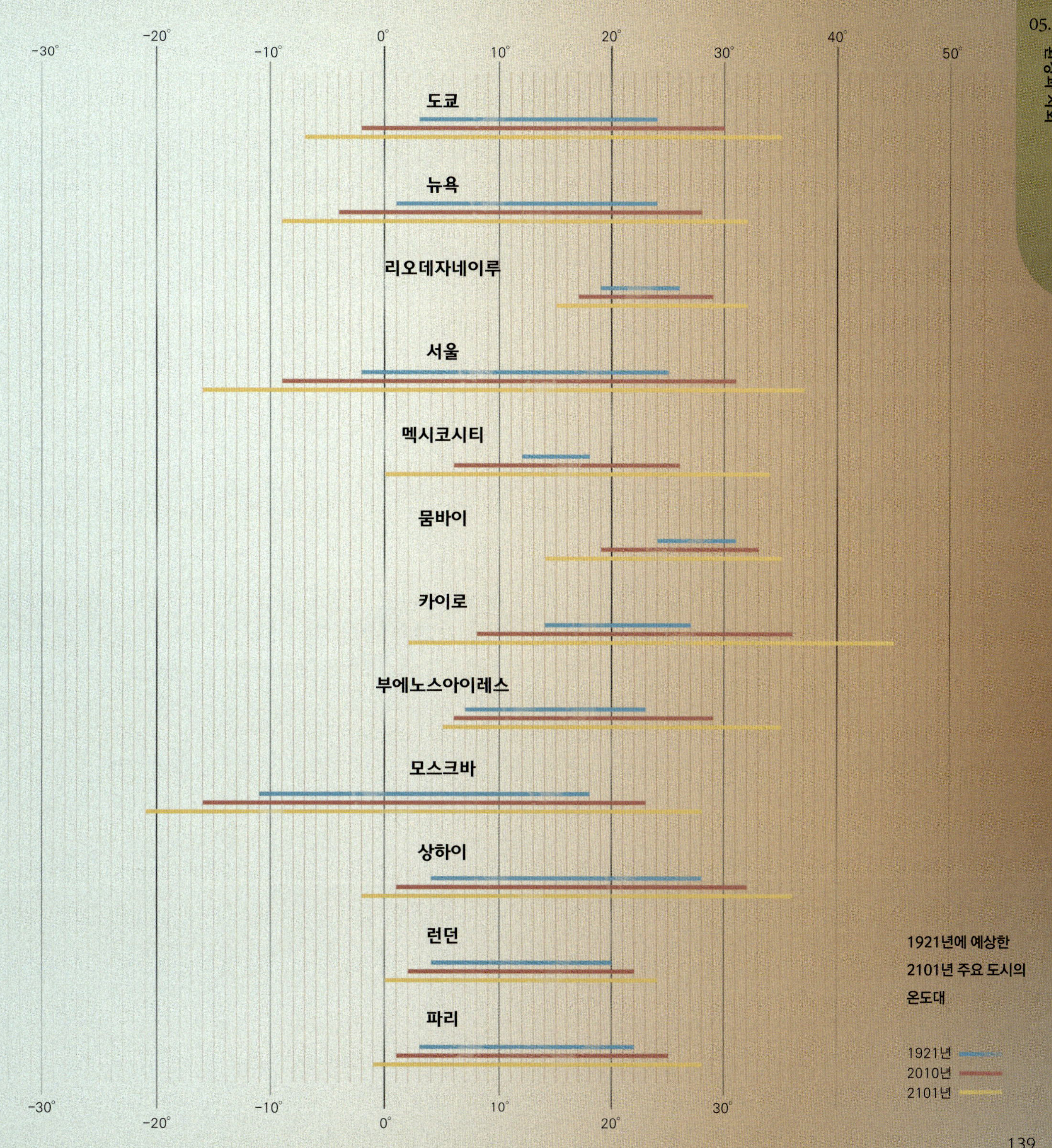
-30°
-20°
-10°
0°
10°
20°
30°
40°
50°
도쿄
뉴욕
리오데자네이루
서울
멕시코시티
뭄바이
카이로
부에노스아이레스
모스크바
상하이
런던
파리
1921년에 예상한
2101년 주요 도시의
온도대
1921년
2010년
2101년
-30°
-20°
-10°
0°
10°
20°
30°
0°
10°
20°
30°

 **인간이 만든 세계 7대 불가사의**

우리가 보고 있는 모든 것은 지구상에 존재하는 물질로 만들어졌다. 그렇게 생각한다면 **인간의 업적**은 아주 놀라울 따름이다. 아폴로 11호는 사실상 원시인이 쓸 수 있는 원재료를 이용해 만든, 지구의 대기권을 벗어나 다른 행성에 성공적으로 착륙한 최초의 기술이다.

달 착륙은 **피라미드**만큼이나 믿을 수 없는 일이었다. 5000여 년 동안 전해 내려온 피라미드는 창조자의 증거를 신화적인 고대 불가사의 세계에 나오는 아이템으로 남겼을 뿐이다. 이 두 사건 사이에 인간은 끊임없이 전 세대를 뛰어넘었고 감탄할 수밖에 없는 경이로운 유산을 남겼다.

**여기에 나오는 인간이 만든 세계 7대 불가사의에 특별한 순서는 없다.**

**거대 피라미드**

기원전 2560년경 건설
이집트 가자

제4왕조의 파라오 쿠푸를 위해 건축한 피라미드 시리즈이다. 이 세 피라미드는 오리온벨트의 별자리와 동일한 것으로 유명하다.

**타지마할**

1653년 완성
인도 아그라

무굴제국의 황제 샤 자한이 아내 뭄타즈 마할을 그리며 만든 궁전 형식의 무덤이다. 인간이 만든 건축물 중 가장 아름다운 것으로 평가받고 있으며 영원한 사랑의 상징으로 인식되고 있다.

**마추픽추**

1400년대
페루 우루밤바

흔히 잉카의 잃어버린 도시라고 표현하는 마추픽추는 1911년까지 세상에 발견되지 않았으며, 현재도 손상되지 않은 채 남아 있다.

## 아폴로11

1969년 6월 20일, 인간의 달 착륙
달

지구의 물질로 만든 우주선으로 38만 4,393km를 이동해 다른 천체로
건너간 첫 번째 테크놀로지이다. 아폴로 11호는 무사히 지구로 귀환했으며
인간의 기술 역사에서 중요한 순간을 장식했다.

## 러시모어 산

1941년
미국 사우스다코타의 키스톤

사우스다코타 지역에 있는 블랙힐의 거대한 암
석을 깎아서 미국 역사상 중요한 네 명의 대
통령~조지 워싱턴, 토마스 제퍼슨, 시어도어
루즈벨트, 아브리함 링컨~의 두상을 조각했다.
각각의 크기는 18m 높이로 이 지역의 관광산
업을 진흥시키기 위해서 조각된 것이다. 그 목
적은 보기 좋게 성공했다.

## 만리장성

기원전 5~16세기

길이 8,851km에 달하는 이 고대의 벽은 중국
북방 경계선을 따라 중국을 구불구불하게  둘
러싸고 있다. 이 벽은 국경 너머에 사는 유목민
들의 침략을 막기 위해서 건설되었다.

## 스톤헨지

기원전 2700년경
영국 월트셔

누가 어떻게 스톤헨지를 만들었는지
아무도 모른다.

# 제6장

# 역사 만들기

 **인류의 확산**

유전학(미토콘드리아 DNA)과 초기 인류 화석의 발견 덕분에 현대 과학자들은 아프리카(인류의 탄생이 시작된 곳이라는 대부분의 믿음)에서 시작된 인류의 이주 흔적을 파악할 수 있었다. 고대인들이 아프리카를 벗어나 지구 전체로 퍼져나간 것은 인류 역사상 가장 중요한 진화 여정 중 하나였으며 문화와 정착이 일어난 첫 번째 단계였다.

**4만 5000년~5만 2000년 전**
소빙기가 찾아오자 호모 사피엔스는 다뉴브에서 헝가리, 오스트리아 등 멀리 유럽까지 이동했다.

**5만 2000년~6만 5000년 전**
지구의 기후가 따뜻해지자 호모 사피엔스 그룹은 북쪽의 레반트(동부 지중해 및 그 섬과 연안 제국) 지역으로 향했고, 그곳을 지나 유럽으로 진입했다.

**9만~11만 5000년 전**
지구가 얼어붙으면서 레반트 그룹은 자취를 감추었다.

**8000년~1만 년 전**
마지막 빙하기가 끝났다. 사하라 사막 지역에는 경사진 초원의 특징이 생겨났다.

**11만 5000년~13만 5000년 전**
일부 그룹은 북문을 지나 지중해 동부와 북동 아프리카, 아시아 서부와의 접점인 레반트처럼 먼 곳까지 이주하는 데 성공했다.

**13만 5000년~16만 년 전**
호모 사피엔스는 크게 네 그룹으로 나뉘어 남아프리카의 희망봉, 콩고 분지, 아이보리코스트(지금의 코트디부아르), 에티오피아의 헤르토로 이동했다.

**16만 년 전**
호모 사피엔스가 아프리카 동부에서 기원하여 몇몇 그룹으로 나누어졌다.

**지식 충전소**

현대인들은 즐거움을 위해 지구 곳곳을 여행하고 싶어 하지만, 초기 인류가 전 세계로 뻗어 나간 이유는 식량과 따뜻한 기후를 찾기 위해서였다. 유목민족은 사냥감들의 이주경로를 뒤쫓아 퍼져 나갔다. 혹독한 새 환경에 대한 호모 사피엔스의 적응력과 번식력 덕분에 초기 인류 호모 에렉투스를 넘어설 수 있었고, 지구를 지배하는 원동력이 되었다.

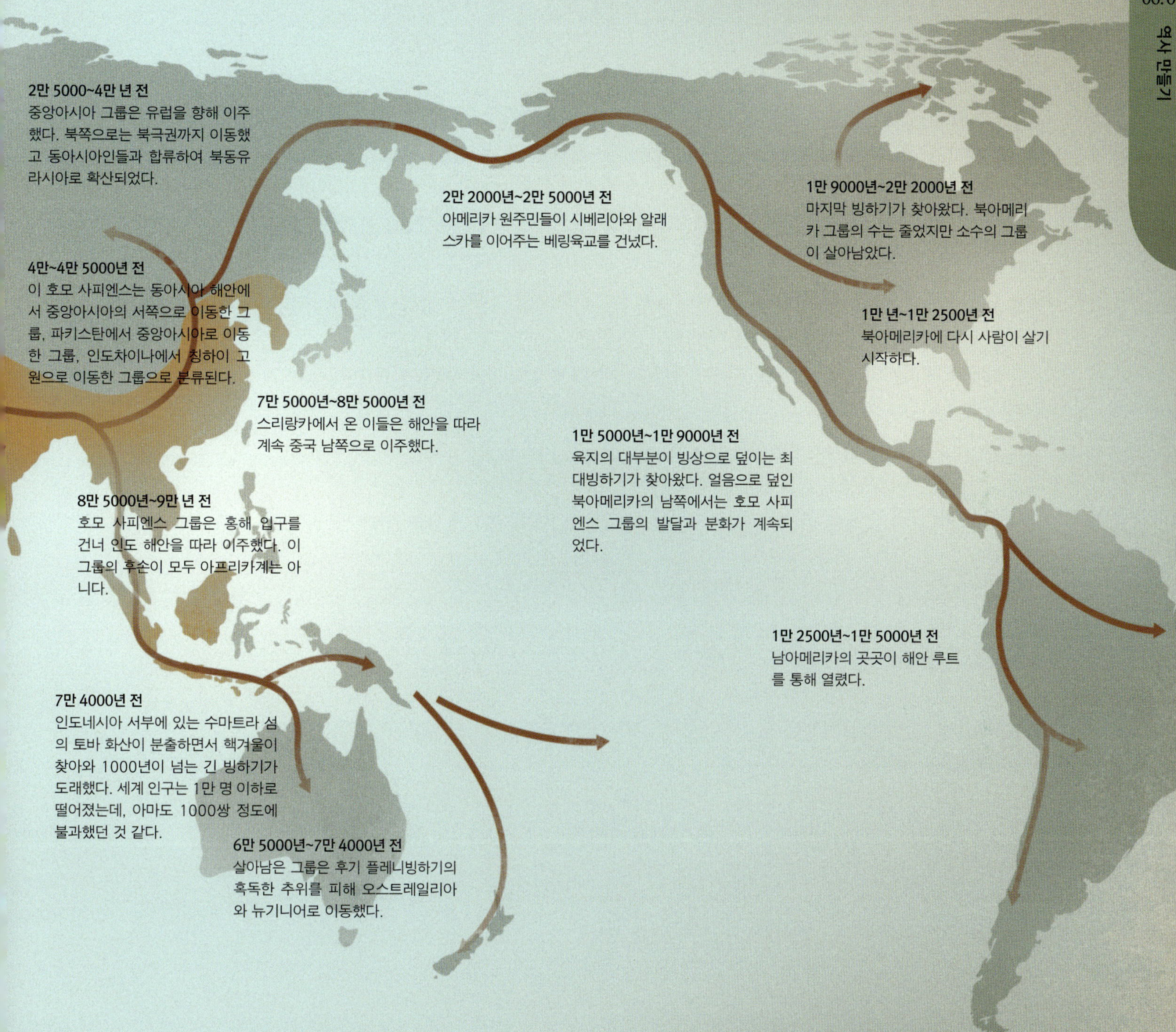

**2만 5000~4만 년 전**
중앙아시아 그룹은 유럽을 향해 이주했다. 북쪽으로는 북극권까지 이동했고 동아시아인들과 합류하여 북동유라시아로 확산되었다.

**2만 2000년~2만 5000년 전**
아메리카 원주민들이 시베리아와 알래스카를 이어주는 베링육교를 건넜다.

**1만 9000년~2만 2000년 전**
마지막 빙하기가 찾아왔다. 북아메리카 그룹의 수는 줄었지만 소수의 그룹이 살아남았다.

**4만~4만 5000년 전**
이 호모 사피엔스는 동아시아 해안에서 중앙아시아의 서쪽으로 이동한 그룹, 파키스탄에서 중앙아시아로 이동한 그룹, 인도차이나에서 칭하이 고원으로 이동한 그룹으로 분류된다.

**1만 년~1만 2500년 전**
북아메리카에 다시 사람이 살기 시작하다.

**7만 5000년~8만 5000년 전**
스리랑카에서 온 이들은 해안을 따라 계속 중국 남쪽으로 이주했다.

**1만 5000년~1만 9000년 전**
육지의 대부분이 빙상으로 덮이는 최대빙하기가 찾아왔다. 얼음으로 덮인 북아메리카의 남쪽에서는 호모 사피엔스 그룹의 발달과 분화가 계속되었다.

**8만 5000년~9만 년 전**
호모 사피엔스 그룹은 홍해 입구를 건너 인도 해안을 따라 이주했다. 이 그룹의 후손이 모두 아프리카계는 아니다.

**7만 4000년 전**
인도네시아 서부에 있는 수마트라 섬의 토바 화산이 분출하면서 핵겨울이 찾아와 1000년이 넘는 긴 빙하기가 도래했다. 세계 인구는 1만 명 이하로 떨어졌는데, 아마도 1000쌍 정도에 불과했던 것 같다.

**1만 2500년~1만 5000년 전**
남아메리카의 곳곳이 해안 루트를 통해 열렸다.

**6만 5000년~7만 4000년 전**
살아남은 그룹은 후기 플레니빙하기의 혹독한 추위를 피해 오스트레일리아와 뉴기니어로 이동했다.

 # 유목생활의 종결

인류는 진화 초기부터 먹을 것을 찾아 해안가를 돌아다니며 **수렵과 채집**을 했고, 먹을 것이 다 떨어질 때까지 근처의 안전한 곳에 야영지를 만들었다. 그리고 **약 1만 년 전** 유목생활이 끝나고 초기 정착 형태가 자리 잡게 되었다.

이 **신석기혁명**의 기폭제가 된 것은 빙하기의 종료였다. 기온이 상승하면서 **동식물의 공급량이 증가**했기 때문에 이동할 필요성이 줄어들었던 것이다. 몇몇 그룹은 좀 더 오랫동안 머무를 수 있을 만한 장소를 찾았는데, 일단 한곳에서 1년을 살아남은 이들은 각 계절을 넘기면서 그곳의 모든 문제를 이겨낼 수 있다는 것을 알게 되었다.

이 시기는 먹이를 제공받은 몇몇 동물이 사람들 주변에서 살 준비가 되어 있다는 것을 초기 인류가 자각한 시기와 일치한다. 오랫동안 음식물을 제공하자 동물은 도망가지 않았고, 얼마 지나지 않아 영세적인 **자급자족의 농업**이 형성되었다. 하지만 이와 같은 시도가 모두 성공한 것은 아니다. 그들은 실패하면 다른 곳으로 이동해 다시 새롭게 시작했다.

초기 정착생활이 증가할 수 있었던 요인은 **신선한 물과 먹을 수 있는 식물이 풍부**했기 때문일 것이다.

### 지식 충전소

수렵-채집에서 초기 정착생활로 변화하자 맞닥뜨린 첫 번째 결과는 식단의 다양성이 급격히 줄어들면서 질병이 증가했다는 점이다. 하지만 정착생활에서는 이동 중에 제대로 돌볼 수 없었던 젖먹이를 돌보기가 쉬워졌기 때문에 인구가 급증하기도 했다.

**고대인과 현대인의 식단 차이**

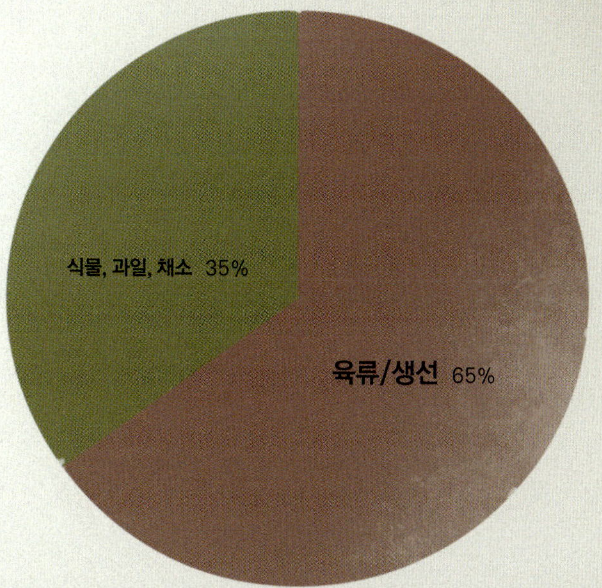


**수렵-채집**
고단백질, 저탄수화물

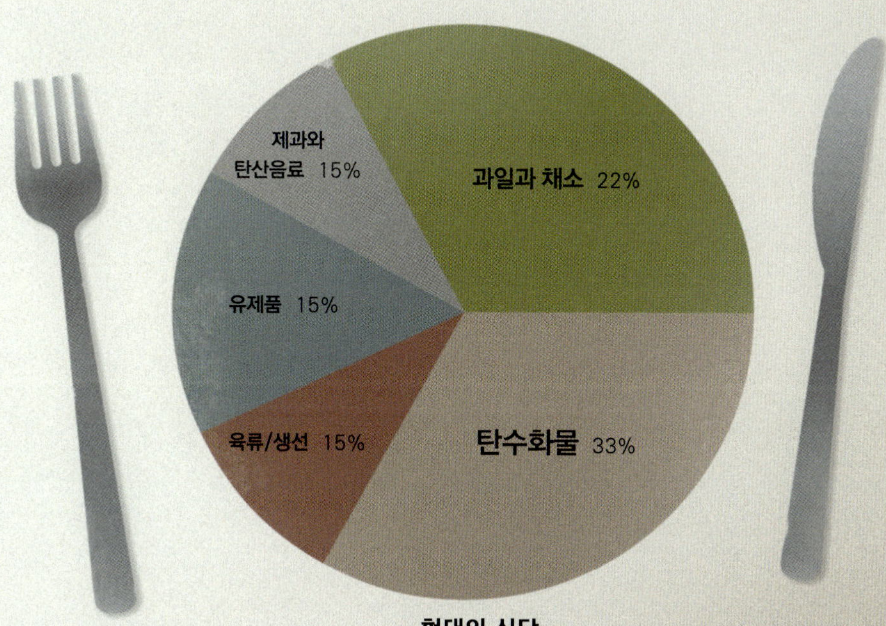


**현대의 식단**
저단백질, 고탄수화물

 **제국**

**왔노라, 보았노라, 정복했노라!**

역사적으로 강력한 국가들은 항상 그 영향력을 국경 너머까지 행사하고 싶어 했다. 본질적으로 제국의 건설에는 **군사나 정치**적인 무력이 행사되었다. 우리가 알고 있는 최초의 제국은 기원전 2300년경에 이라크의 아카드 도시 주변을 정복한 사르곤 왕조였다. 진정한 의미에서의 마지막 제국은 1990년대 초에 붕괴된 소비에트 사회주의 연방공화국 Union of soviet socialist republic, USSR이다. 제국은 문화와 종교, 언어를 그들이 정복한 영토에 전파했다는 점에서 큰 의의가 있다. 이런 영향력의 예로는 아르헨티나에서 엿보이는 스페인 문화를 들 수 있다.

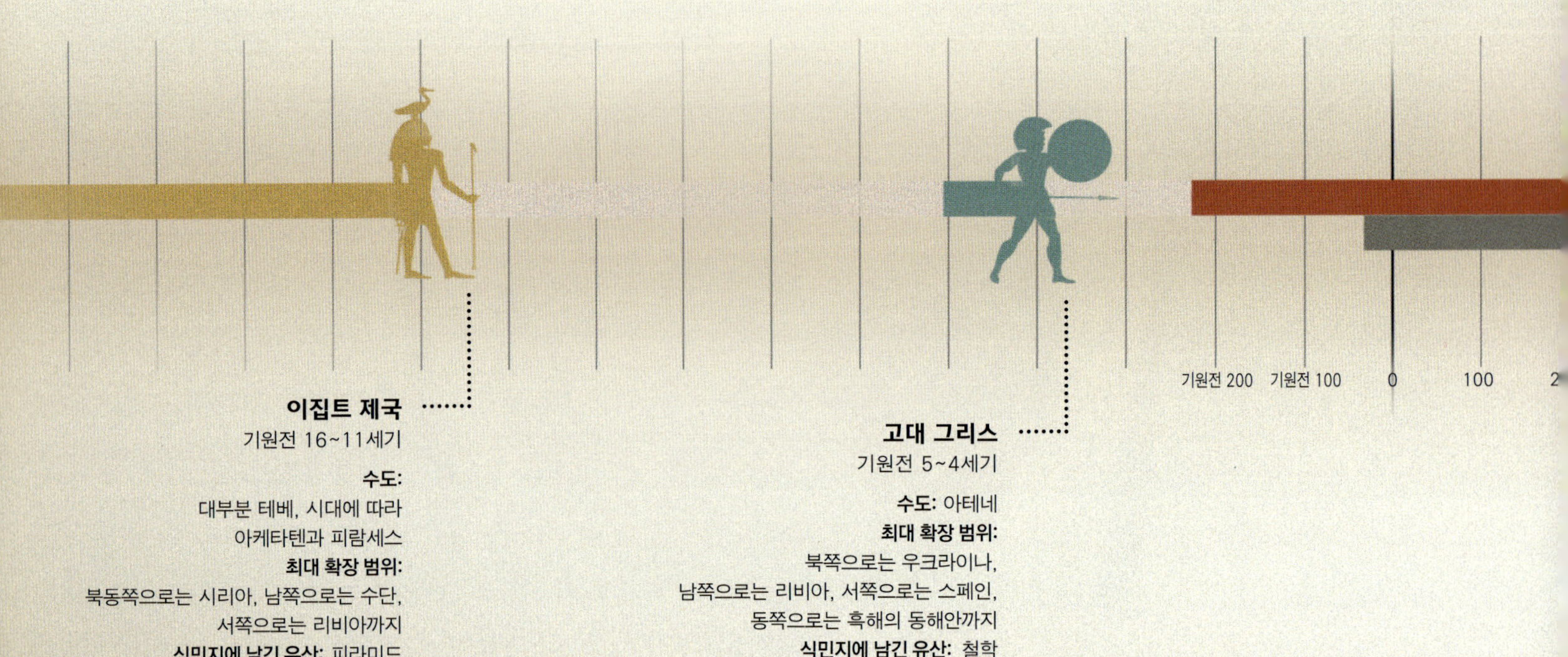

**중화 제국**

기원전 221~1911

**수도:** 여러 곳이 있었지만 대체로 베이징
**최대 확장 범위:**
대체로 현재 중국의 국경 안쪽
**식민지에 남긴 유산:** 관료제

**스페인 제국**

1521~1963

**수도:** 마드리드
**최대 확장 범위:**
서쪽으로는 북아메리카와
남아메리카(브라질 제외) 대륙의 대부분을
둘러쌌고, 동쪽으로는 필리핀,
아프리카와 인도의 작은 지역들.
**식민지에 남긴 유산:** 로마 가톨릭교

**몽골 제국**

1206~1368

**수도:** 중도(지금의 베이징)
**최대 확장 범위:**
가장 넓었던 제국: 북쪽으로 러시아,
남쪽으로 한국과 파키스탄,
서쪽으로 폴란드, 동쪽으로 중국까지.
**식민지에 남긴 유산:** 조직적인 전투

**영국 제국**

16세기 말~ 20세기 중반

**수도:** 런던
**최대 확장 범위:**
서쪽으로는 캐나다와 미국 동부,
남쪽으로는 아프리카 남부,
동쪽으로는 뉴질랜드와 오스트레일리아, 인도
**식민지에 남긴 유산:** 입헌정부

 **현대 전쟁의 역사**

    역사상 최초로 기록된 전쟁은 기원전 2700년경 수메르(지금의 이라크)와 엘람(지금의 이란) 사이에서 벌어진 전쟁이었다. 이 날 이후로 지구상에는 전쟁이 일어나지 않은 날이 단 하루도 없었을 정도로 어딘가에서는 반드시 전쟁이 벌어지고 있다.

    전쟁에서 약탈한 전리품은 **물질적 부**를 가져다주었다. 하지만 승자들은 상대의 생활방식에 대한 못마땅함과 자신의 가치관을 강요하고 싶은 강한 열망을 어떻게 설득시킬 것인가 하는 철학적 논쟁으로 전쟁을 미화시켰다.

    지구촌 곳곳에서는 항상 전쟁이 일어나고 있지만, 커뮤니케이션과 교통의 발달로 세계는 거의 모든 대륙이 참가하는 **전면적인 무력충돌**이 가능해졌다. 그중 제1차 세계대전은 1914년 여름에 시작되어 1918년 말에 끝났다. 불과 21년 후인 1939년에는 또 다시 세계적인 규모의 무력충돌이 시작되어 1945년 말까지 이어졌다. 이 제2차 세계대전은 미국이 사용한 원자폭탄에 의해서 간신히 일단락되었다. 그 당시 사람들은 원자폭탄이라는 이 위협적인 무기가 존재하는 한 세계적인 규모의 전쟁이 다시는 일어나지 않을 것이라고 생각했다. 하지만 안타깝게도 그것은 불가능한 바람인 듯하다.

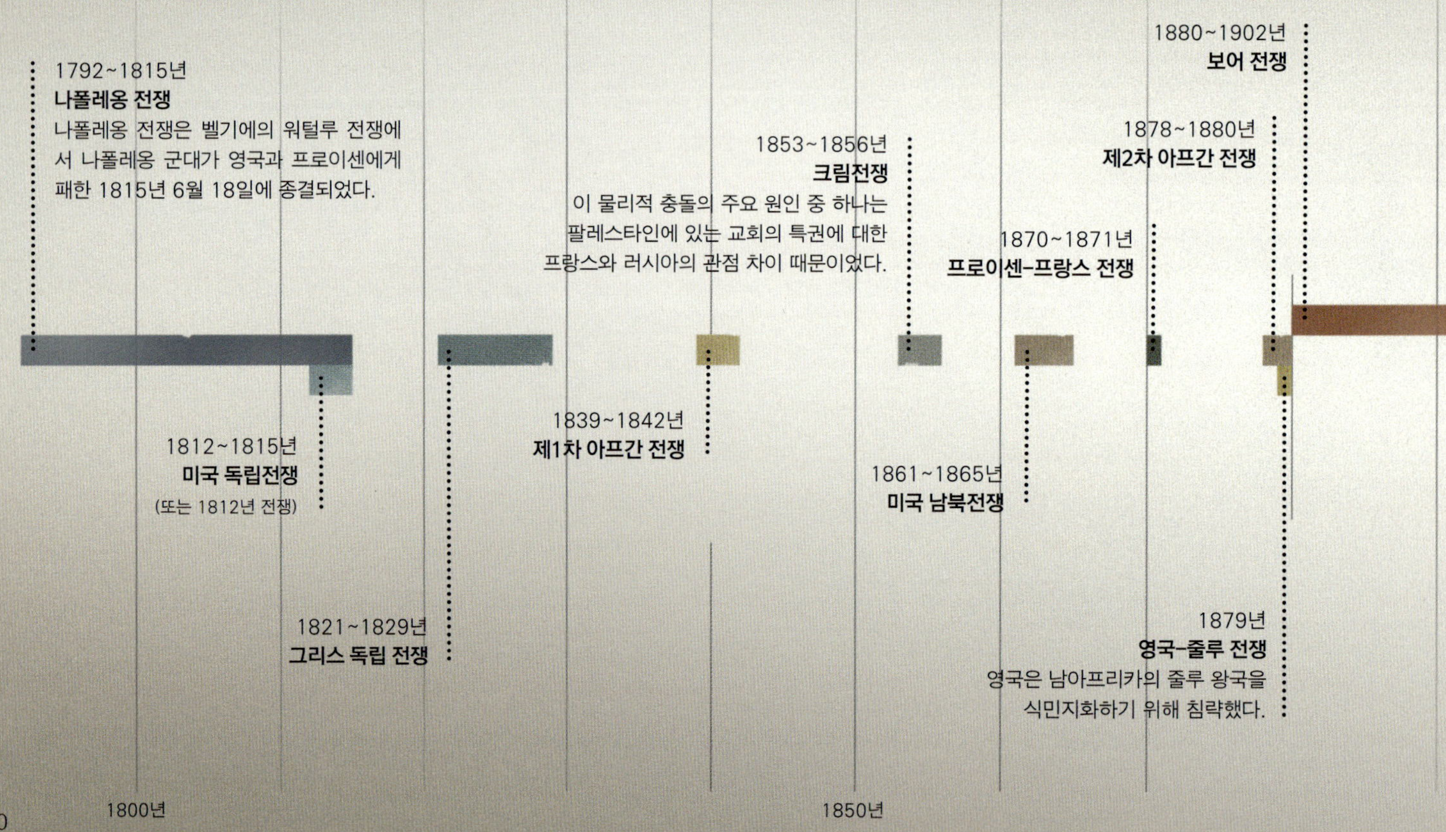

지식 충전소

상호파괴확인Mutually Assured Destruction, MAD은 양쪽에서 서로를 공격한다면 양쪽 모두
전멸할 것이므로 '평화는 정보로 유지된다'라는 이론이다.

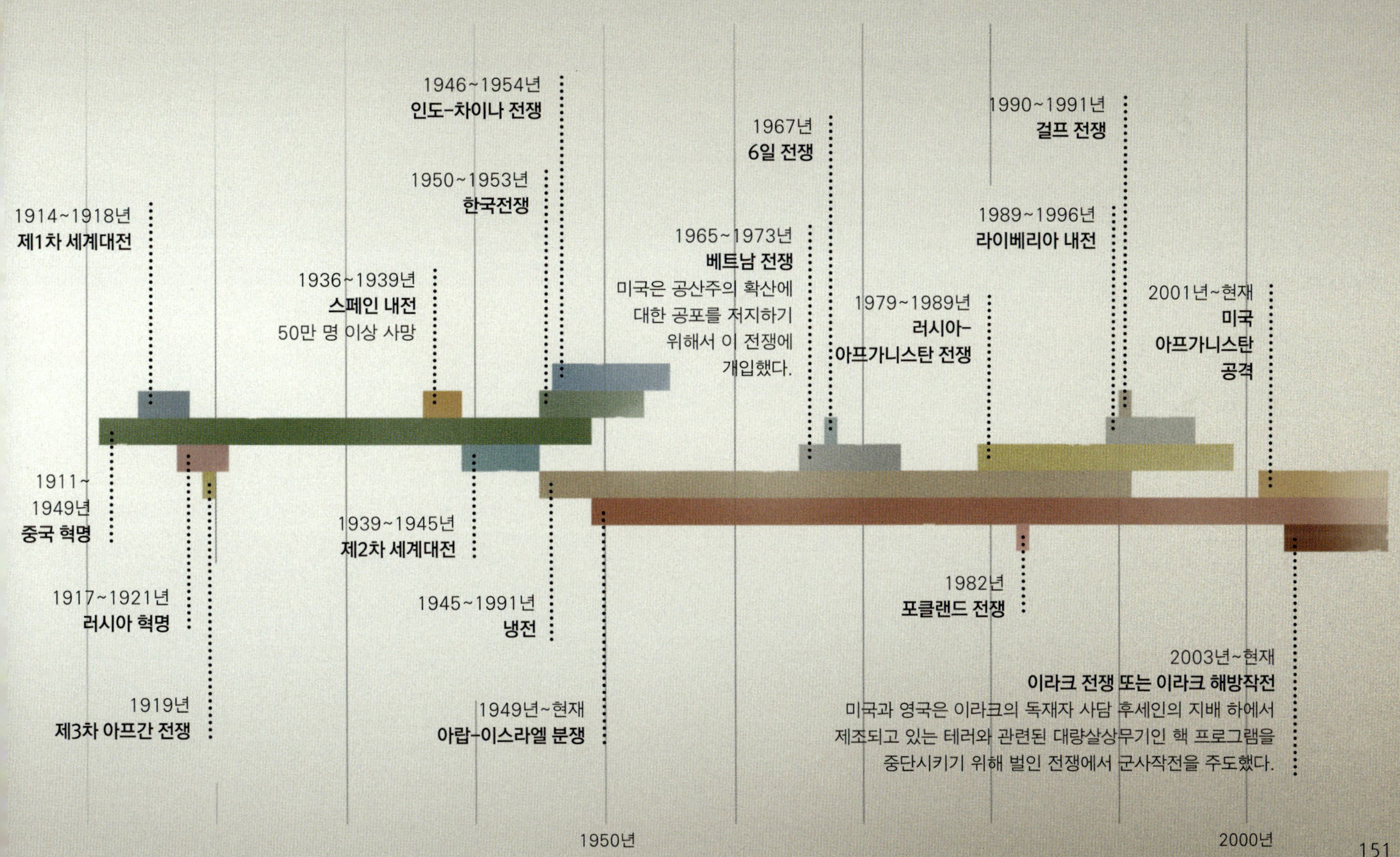

 **5년에 걸친 제1차 세계대전**

1914년 6월 28일 사라예보에서는 한발의 총성이 울렸다. 보스니아계 세르비아인 청년 가브릴로 프린치프 Gavrilo Princip(1895~1918)가 오스트리아 합스부르크 왕가의 후계자 **프란츠 페르디난트** Franz Ferdinand(1863~1914) 대공에게 총을 쏜 것이다. 이 사건은 항상 이 전쟁의 주요 요인으로 언급되는데, 사실상 이 일은 동맹과 조약의 **미묘한 균형** 뒤에 도사리고 있던 마지막 도화선이었을 뿐이다. 이것은 하나가 넘어지면 다른 것까지 쓰러뜨리는 도미노와도 같았다. 이로 인해 **세계평화**는 무너지고 국가 간의 무력충돌이 5년간이나 계속되었다.

당시 갈등의 중심에는 독일이 있었다. 독일은 프랑스와 러시아 양측의 파워를 우려했고, **해상을 장악한 영국**에게도 질투를 느끼고 있었다. 프랑스는 **프로이센-프랑스 전쟁** 이후로 오랫동안 독일에 적대적인 감정을 품고 있었다. 반면 러시아와 오스트리아-헝가리 제국은 **발칸 반도에서 패권**을 잡기 위해 애쓰는 중이었다.

페르디난트 대공이 암살되자 오스트리아는 세르비아에 전쟁을 선언했다. 독일은 오스트리아-헝가리에 지원을 약속하는 한편, 러시아에 전쟁을 선언했다. 그리고 곧이어 프랑스에도 전쟁을 선언했다. 독일의 벨기에 **침공**은 **1839년 체결된 런던조약**의 발효에 방아쇠를 당기는 계기가 되어 영국은 독일에 전쟁을 선포해야만 했다. 프린치프가 방아쇠를 당긴 지 5주 후 전 **세계는 화염에 휩싸이게** 되었다. 한발의 총성이 울린 후 5년간 지속된 전쟁은 **베르사유 조약**이 체결되면서 마무리되었다.

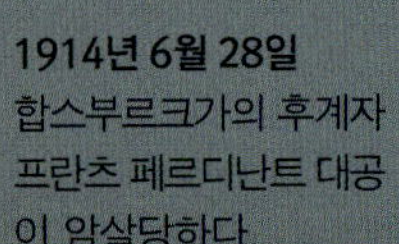

**1914년 6월 28일**
합스부르크가의 후계자 프란츠 페르디난트 대공이 암살당하다.

**1914년 7월 28일**
오스트리아가 세르비아에 전쟁을 선언하다.

**1914년 8월 1일**
독일이 러시아에 전쟁을 선언하다.

**1914년 8월 3일**
독일이 프랑스에 전쟁을 선언하고 벨기에를 침공하다.

**1914년 8월 4일**
영국이 독일에 전쟁을 선언하다.

**1914년 10월 29일**
터키가 독일편에 서서 핵심 전력을 형성, 전쟁을 시작했다. 이에 영국, 프랑스, 러시아 제국은 연합군을 구성해 상대했다.

**1915년 5월 23일**
이탈리아가 독일과 오스트리아에 전쟁을 선언하다

**지식 충전소**

제1차 세계대전 동안 1000만 명에 가까운 군인이 사망했고, 2100만여 명의 부상
자가 발생했다. 소집된 군인의 수는 총 6500만 명이었는데 이것은 현재 영국의 인
구수와 비슷하다.

**1917년 4월 6일**
미국이 독일에 전
쟁을 선언하다.

**1917년 12월 5일**
독일과 러시아가 휴전
하다.

**1918년 3월 3일**
독일과 러시아가 브레
스트-리토프스크 조약
체결, 러시아는 전쟁에
서 벗어나다.

**1918년 10월 30일**
터키가 연합국과 화해
하다.

**1918년 11월 3일**
오스트리아가 연합국
과 화해하다.

**1918년 11월 11일**
독일이 휴전 협정을 체
결함으로써 제1차 세계
대전의 종결을 고하다.

**1919년 6월28일**
독일과 연합국 간의 베
르사유 조약이 체결되다.

 **제2차 세계대전**

제1차 세계대전은 종종 '모든 전쟁을 끝내기 위한 전쟁'이라고 표현된다. 이 표현은 한동안은 사실로 입증되었지만, **베르사유 조약**이 체결된 지 20년 만에 독일이 폴란드를 침략하면서 조약이 파기되어 영국이 전쟁을 선포하게 된다.

조약이 파기된 요인 중 가장 큰 원인은 제1차 세계대전 이후 독일에게 경제적, 사회적으로 부과된 처벌 때문이었다. 그 당시에는 정당해 보였던(후일 가혹했던 것으로 재평가되었다) 이 처벌은 결정적으로 제2차 세계대전의 씨앗이 되었다. 혹독하기만 한 처벌은 독일 국민들과 정치인들에게 억울함을 느끼게 했고, 경제회복의 어려움과 결합되어 국가사회주의와 히틀러의 **나치당** 발흥에 기름을 부었다.

제2차 세계대전은 독일이 폴란드를 침공한 이틀 뒤, 영국과 프랑스가 독일에 전쟁을 선포한 **1939년 9월 3일**에 시작되었다. 미국은 1941년 12월 일본과 독일이 미국에 전쟁을 선포하고 나서야 연합군에 조인했다.

1945년 5월 7일 먼저 독일이 항복을 선언했고, 8월 14일 미군이 히로시마와 나가사키에 **원자폭탄을 투하**해 초토화된 일본도 그 뒤를 이어 투항했다.

전쟁기간 동안 사망자의 수는 **5000만 명**으로 집계되고 있으며 이 중에서 군인의 사망률은 30%에 불과했다. 러시아는 2000만 명 이상 사망하는 고통을 겪었고, 나치의 집단학살로 600만 명의 유대인이 사망한 것으로 추정된다.

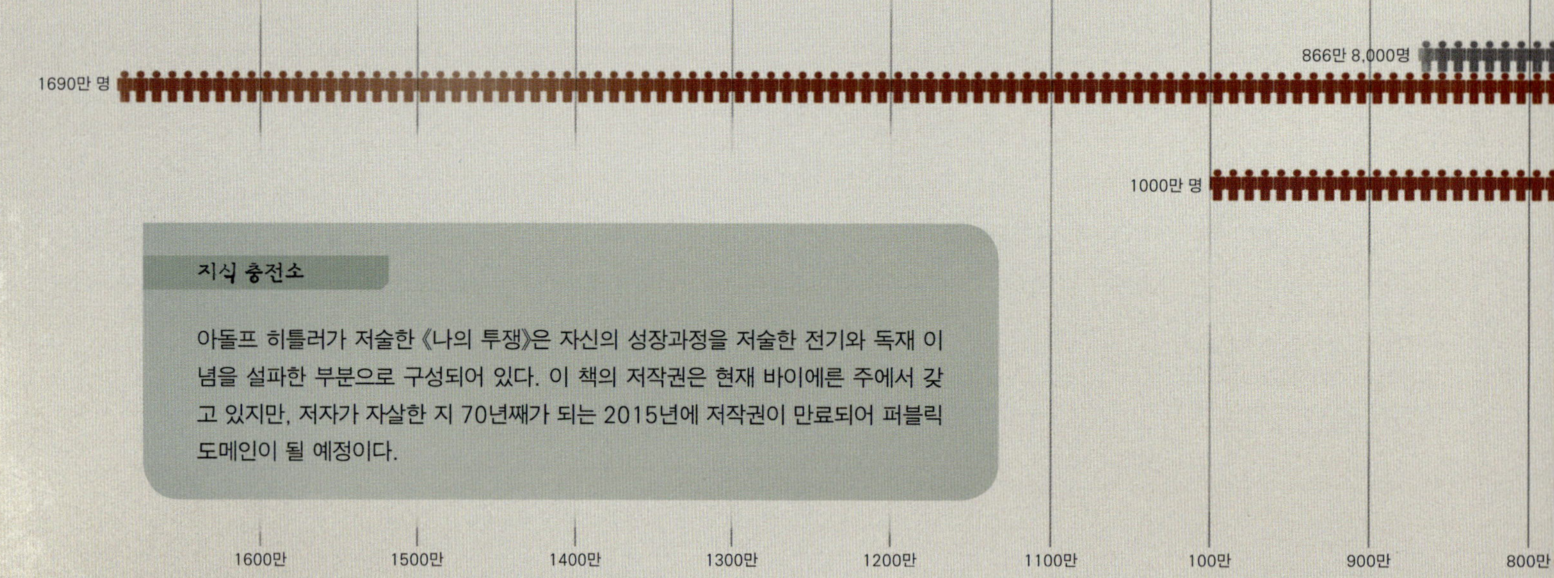


**지식 충전소**

아돌프 히틀러가 저술한 《나의 투쟁》은 자신의 성장과정을 저술한 전기와 독재 이념을 설파한 부분으로 구성되어 있다. 이 책의 저작권은 현재 바이에른 주에서 갖고 있지만, 저자가 자살한 지 70년째가 되는 2015년에 저작권이 만료되어 퍼블릭 도메인이 될 예정이다.

제2차 세계대전 동안
각국의 군인과 민간인의
사망자 수

32만 6,000명
영국
6만 2,000명
총 38만 8,000명

29만 5,000명
미국
0
총 29만 5,000명

38만 명
오스트리아
14만 5,000명
총 52만 5,000명

3만 명
그리스
50만 명
53만 명

33만 명
이탈리아
8만 명
41만 명

1만 명
벨기에
7만 5,000명
8만 5,000명

30만 명
헝가리
28만 명
58만 명

34만 명
프랑스
47만 명
81만 명

381만 명
독일
325만 명
706만 명

소비에트 연방
2556만 8,000명

132만 4,000명
중국
1132만 4,000명

폴란드
85만 명
600만 명
685만 명

150만 6,000명
일본
30만 명
180만 6,000명

111만 6,000명
그 밖의 다른 나라
243만 3,000명
354만 9,000명

군인
민간인

전체
군인: 1872만 5,000명
민간인: 4105만 5,000명
총: 5978만 명

700만   600만   500만   400만   300만   200만   100만   0

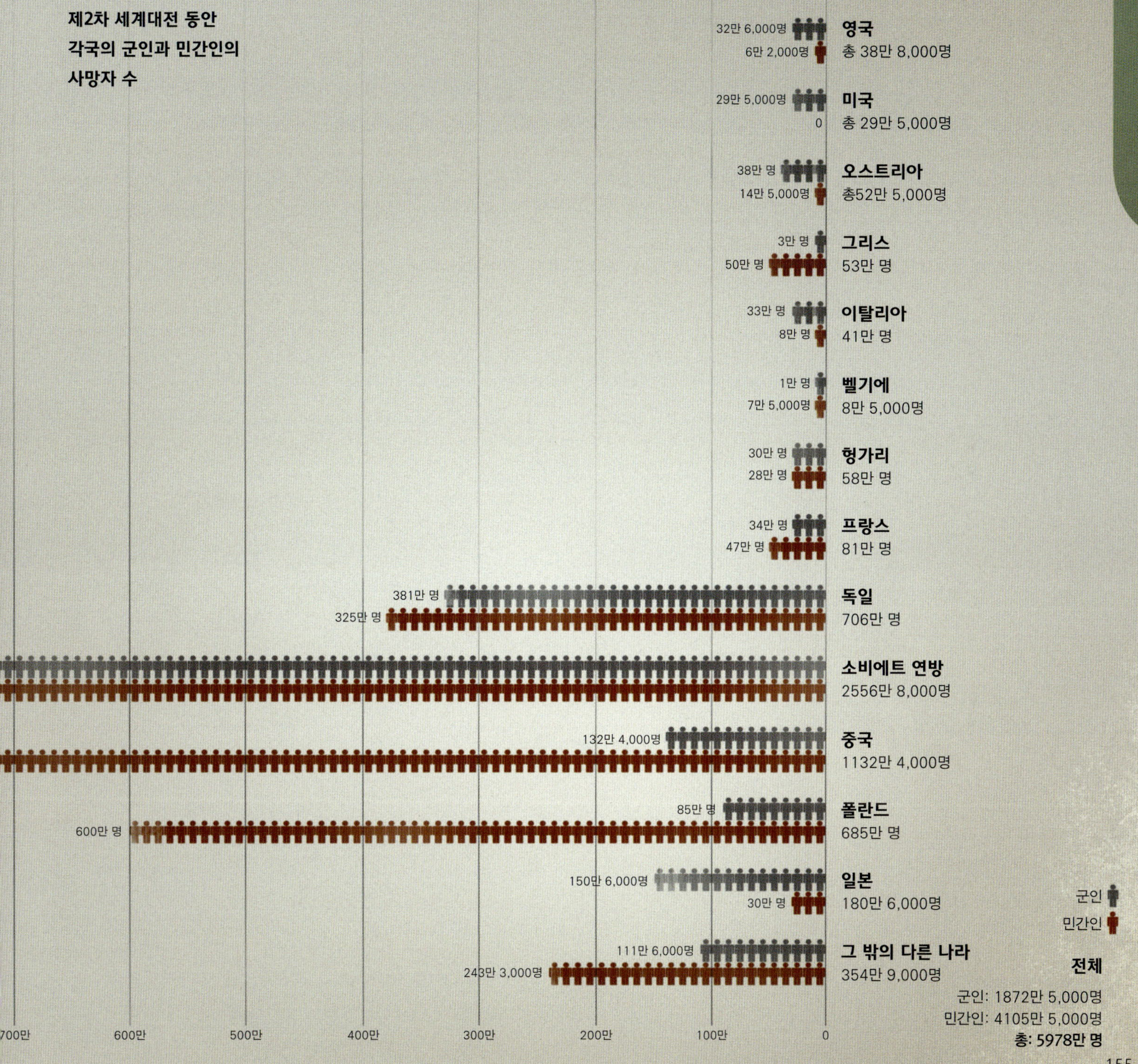

155

 **지난 2000년을 지배한 파워풀 리더**

윈스턴 처칠은 "역사는 승자에 의해 기록된다"라고 말했다. 하지만 그렇다고 해서 일부 패배자들이 **역사를 만든 사람들**의 대열에 진입하는 것을 막을 수는 없다. 악이 맹위를 떨칠 때 선한 사람이 아무런 행동도 하지 않는다면, 선한 사람들과 대립하는 '악'이라는 기폭제가 없었다면 우리가 지금 알고 있는 유명한 인물들은 등장하지도 않았을 것이다.

이 경우에 해당하는 가장 좋은 예가 윈스턴 처칠이라고 할 수 있다. 제2차 세계대전이 일어나기 전에도 그는 영국의 뛰어난 정치인이었지만, 독일의 독재자 아돌프 히틀러가 없었다면 우상까지는 되지 못했을 것이다.

역사적으로 강력한 파워를 자랑하던 리더들은 선한 자와 악한 자로 나뉜다. 그들의 **윤리 기준**이 어느 쪽이었든 그들에게는 사람들을 따르게 만드는 공통점이 있었다. 이 능력은 아마도 그들의 카리스마나 지적 능력 또는 국민들을 전선으로 내모는 공포에서 비롯되었을 것이다.

**빅토리아 여왕**Queen Victoria

**연대:** 1819~1901년
**정권:** 1837~1901년
**역할:** 영국의 여왕이며 대영제국의 통치자
**추종자:** 4억 명
**하이라이트:** 산업혁명이 일어난 영국의 번영 시대를 감독하고, 전 세계적으로 나아가 제국을 확장했다. 최초로 기차를 이용했던 군주이기도 하다.

**마하트마 간디**Mohandas Ghandi

**연대:** 1869~1948년
**정권:** 1915~1948년
**역할:** 정치인이자 인도의 아버지
**추종자:** 3억 1000만 명
**하이라이트:** 간디의 철학은 인도인들에게 비폭력 시민불복종의 힘을 일깨웠고, 인도는 영국에게서 독립을 쟁취할 수 있었다.

**예수 그리스도**Jesus Christ

**연대:** 기원전 0~35년
**정권:** 30~현재년
**역할:** 기독교 설립의 기폭제
**추종자:** 20억 명
**하이라이트:** 하나님의 아들로 인류를 위해 희생했다가 부활하여 기독교가 만들어졌다.

**징기스칸** Genghis Khan

**연대:** 1162~1227년
**정권:** 1206~1227년
**역할:** 몽골 제국의 설립자
**추종자:** 1억 명
**하이라이트:** 몽골에서 태어난 칸은 뛰어난 군사적 기량을 갖춘 것으로 꼽히고 있으며 죽을 때까지 아시아 전역을 그의 제국으로 정복했다.

**아돌프 히틀러** Adolf Hitler

**연대:** 1889~1945년
**정권:** 1933~1945년
**역할:** 독일의 수상이자 독재자
**추종자:** 9000만 명
**하이라이트:** 제1차 세계대전 이후 궁핍했던 독일의 수상이 되어 12년 동안 통치했고, 나치당을 이끌며 600만 명의 유대인을 학살한 홀로코스트를 저질렀다.

**줄리어스 시저** Julius Caesar

**연대:** 기원전 100~기원전 44년
**정권:** 기원전 48~기원전 44년
**역할:** 로마의 독재자
**추종자:** 5500만 명
**하이라이트:** 매우 존경받은 로마의 장군이자 군사 전략가로 유럽 전역에 로마 문명을 전파하여 명성을 얻었다.

**아틸라 더 훈** Attila the Hun

**연대:** 406~453
**정권:** 433~453년
**역할:** 훈 제국의 통치자
**추종자:** 미상
**하이라이트:** 흔히 '신의 징벌'이라고 하는 아틸라 더 훈은 뛰어난 지략을 가진 군인으로 친형제를 죽이면서까지 권력을 나누지 않고 제국을 통치했다. 사망 원인은 알려지지 않았다.

**마틴 루터 킹 주니어** Martin Luther King Jr

**연대:** 1929~1968년
**정권:** 1957~1968년
**역할:** 미국의 아프리카계 미국인들의 민권운동을 이끌었던 뛰어난 지도자.
**추종자:** 미상
**하이라이트:** 1963년 '나에게는 꿈이 있습니다(I Have A Dream)'라는 연설로 1964년에 최연소 남성 노벨 평화상 수상자가 되었다. 1968년 암살당했다.

**윈스턴 처칠** Winston Churchill

**연대:** 1874~1965년
**정권:** 1940~1945년, 1951~1955년
**역할:** 영국의 총리
**추종자:** 4600만 명
**하이라이트:** 제2차 세계대전에서 나치 독일에 맞서 연합군들의 지원을 이끌어내어 승리를 거두었다. 두 번이나 총리에 임명되었다.

 ## 떠오르는 초강대국

초강대국은 전 세계적인 사건에 **영향력을 행사**할 수 있거나 **주변 국가에 영향력 있는 행동**을 할 수 있는 나라라고 할 수 있다. 제2차 세계대전 이후 오랫동안 이 카테고리는 소비에트 연방과 미국이라는 두 나라로 나뉘어 있었다. 이들은 40여 년간 힘의 균형을 유지했고 그들과 관련된 냉전은 지구의 미래를 위태롭게 할 조짐을 보였다.

1989년에서 1991년 사이에 공산주의의 몰락과 함께 소련연방이 연이어 붕괴하고 **떠오르는 초강대국**의 수가 늘어나자 전 세계의 **힘의 균형이 이동**했다. 초강대국의 요건은 거의 매일같이 미묘하게 달라지지만 일반적으로 현재는 5개국이 강대국으로 인식되고 있다.

미국은 주빈국의 위치를 선점하고 있으며 러시아도 구소련 시절의 힘을 아직까지 유지하고 있다. 이 두 나라 외에 세계 20%의 인구를 차지하는 중국과 17%를 넘는 인도, 그리고 국내 총생산(GDP)의 4분의 1이 넘는 유럽연합(EU)이 여기에 속한다.

현재 급성장하는 경제력을 바탕으로 브라질과 일본 등이 초강대국의 한자리를 요구하고 있으며 10년 이내에 세계의 초강대국의 수는 10여 개국으로 증가할 전망이다. 그 단계가 되면 아마도 새로운 용어가 필요할 것이다.



**미국**
인구: 3억 7000만 명
GDP: 14조 달러
핵무기 능력: 있다
군비지출액(2009년 기준): 6632억 5500만 달러
관광객 수(연간): 5490만 명

### 지식 충전소

유럽연합EU은 가맹국끼리 단결하여 의견을 일치하기 때문에 하나의 단일체로 인정되고 있다. EU에는 (아직 모든 나라가 사용하는 것은 아니지만) 유로 등의 단일 통화와 각 국의 의원으로 구성된 유럽 의회가 포함된다.

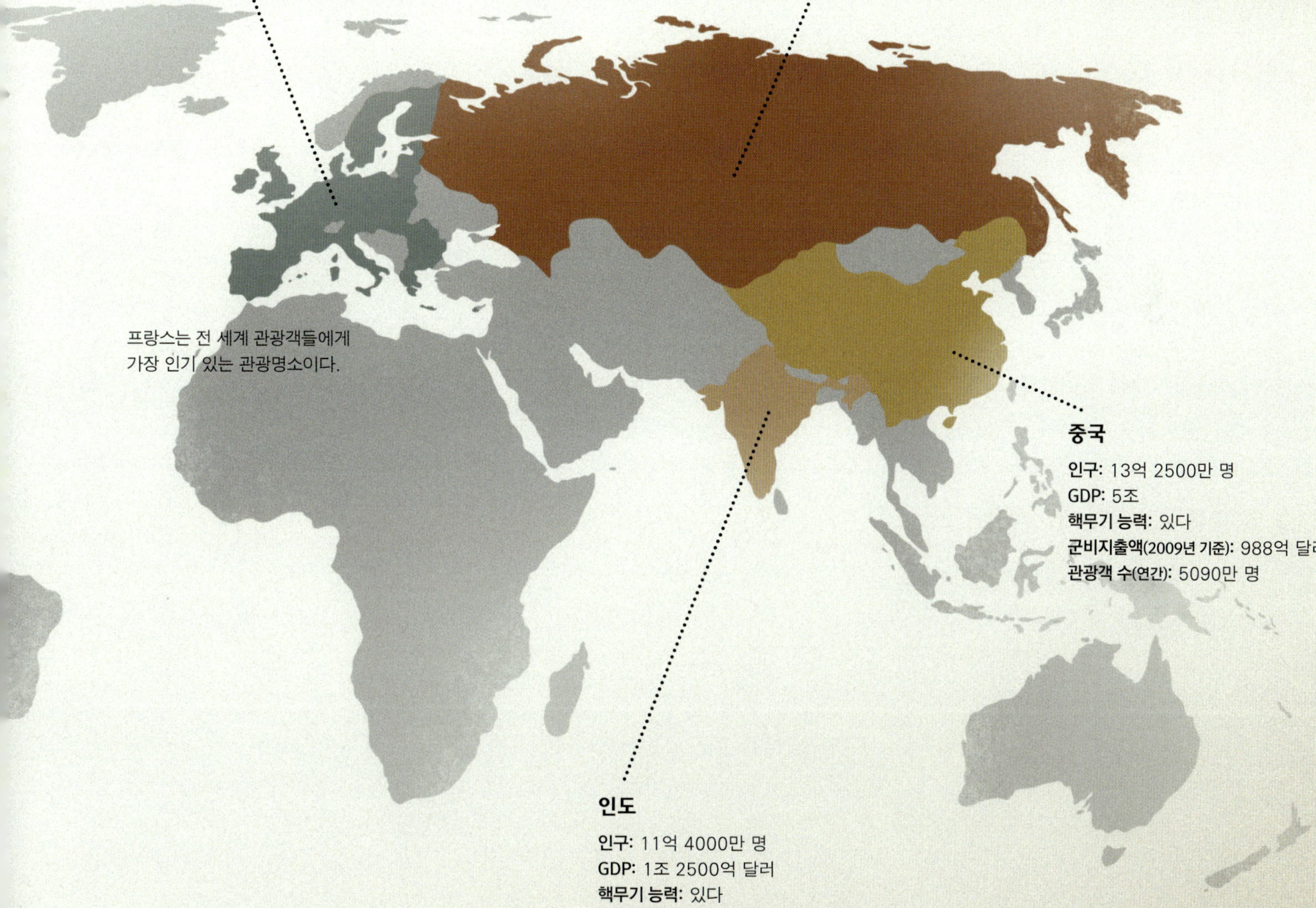

## 유럽 연합

**인구:** 5억 명
**GDP:** 16조 달러
**핵무기 능력:** 있다
**군비지출액(2009년 기준):**
 **– 프랑스:** 673억 1600만 달러
 **– 영국:** 692억 7100만 달러
**관광객 수(연간):** 프랑스 7420만 명

프랑스는 전 세계 관광객들에게
가장 인기 있는 관광명소이다.

## 러시아

**인구:** 1억 4200만 명
**GDP:** 1조 3000억 달러
**핵무기 능력:** 있다
**군비지출액(2009년 기준):** 610억 달러
**관광객 수(연간):** 2060만 명(2007년 기준)

## 중국

**인구:** 13억 2500만 명
**GDP:** 5조
**핵무기 능력:** 있다
**군비지출액(2009년 기준):** 988억 달러
**관광객 수(연간):** 5090만 명

## 인도

**인구:** 11억 4000만 명
**GDP:** 1조 2500억 달러
**핵무기 능력:** 있다
**군비지출액(2009년 기준):** 366억 달러
**관광객 수(연간):** 500만 명

 **공산주의의 몰락**

　제2차 세계대전이 막을 내린 이후 미국과 소련은 상대와 균형을 이루는 2인용 카드게임처럼 40여 년 동안이나 세계의 안전을 좌우했다. 그들은 카드게임을 하듯이 아슬아슬하게 균형을 유지했는데 카드로 만든 집은 언제든 무너질 준비가 되어 있었고, 결국 1980년대 말 소련과 공산권이 해체되면서 세계는 영원한 변화를 맞이했다.

　공산권의 몰락을 묘사할 때 '카드로 만든 집'보다 더 좋은 비유는 없을 것이다. 1980년대 폴란드의 공산주의 정부는 반공산주의자들의 강한 반대에 직면했고 **노동조합이 선거에서 승리를** 거두면서 첫 번째 카드가 쓰러졌다. 자국방송채널의 국유화에도 불구하고 글로벌 커뮤니케이션이 발달한 덕분에 이 소식은 널리 방송되었고, 2개월 후 헝가리에서도 똑같은 일이 일어났다.

　정치적으로 변화를 일으킨 헝가리는 동독을 탈출하려는 동독인들에게 서독으로 향하는 길을 개방해주었다. 이것은 곧 **베를린 장벽의 붕괴**를 촉발했다. **동독과 서독의 정치적 분리**라는 거대한 상징이었던 베를린 장벽의 붕괴는 반공산주의 이념을 가속화시켰다. 그리고 1991년 7월, 공산권이 북대서양 조약기구에 대응해 체결했던 바르샤바 조약 기구가 해체되었으며 소비에트 연방은 더 이상 존재하지 않게 되었다.

**지식 충전소**

제2차 세계대전 이후 독일은 동과 서로 분리되었다. 동독이 공산주의인 소비에트 연방의 사회주의 이념을 따른 반면 서독은 서구의 민주주의 원칙을 따랐다. 두 나라로 분리된 베를린 장벽은, 윈스턴 처칠이 연설에서 1945년 이후 분열된 유럽을 뜻하면서 표현했던 '철의 장막'의 상징이 되었다.

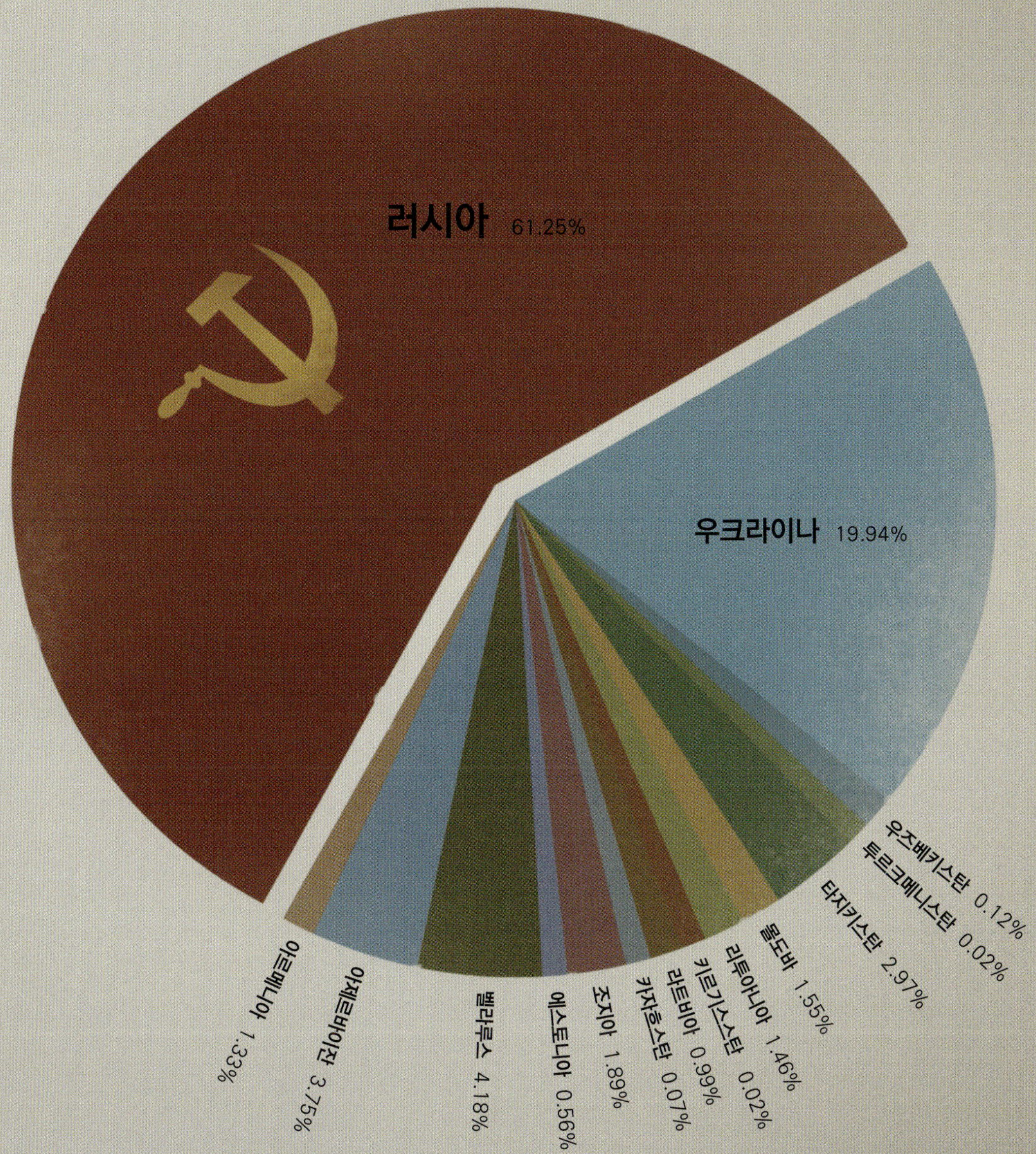


간단히 말해서 공산주의는 정부가 국가의 경제적 부를 공평하게 재분배하고, 서로 다른 일을 하는 국민들은 평등하게 임금을 받고 세금을 내며, 계급적 구분이 없는 사회정치적 운동을 묘사하는 데 쓰이는 용어이다.

막스 레닌에서 미하일 고르바초프에 이르기까지 소련에서는 공산주의가 74년이나 계속되었다. 하지만 나찌의 손에서 세계를 구하는 데 큰 역할을 했던 공산주의 정치원리는 50만 명이나 되는 자국민을 학살하는 요인이 되기도 했다. 이 학살은 주로 1924~1953년에 소련을 통치했던 스탈린 시절에 이루어졌다.

 **반체제 혁명**

1950년대 말에서 1970년대 초까지 **기득권층에 대한 반항**과 불만에 가득 찬 미국과 영국, 그 밖의 서구 유럽의 젊은이들이 주도한 '**반체제**' 운동이 시대를 점령했다. 이 운동은 정부에 어떤 변화도 이끌어내지 못했지만 정치적으로 오랫동안 영향을 미쳤으며, 음악과 테크놀로지를 통해 예술과 패션 등 생활과 밀접한 수많은 분야에 중요한 발전을 이끌었다.

반체제의 대두를 이끈 단독 사건은 없었지만, 당시 전후의 결핍으로 도입될 수밖에 없었던 규제에 대한 거부반응과 반체제 운동이 결합되면서 권력에 대한 불신이 고양되었다.

미국에서는 이 불만이 베트남 전쟁 반대, 페미니즘의 성장에 대한 요구, 게이 프라이드와 자유언론을 위한 호소 등 **공민권운동**을 지지하는 시위 형태로 나타났다.

유럽 전역에서 반체제운동의 전면에 나서서 행동한 것은 학생들이었다. 이 움직임은 **1968년 학생들의 파리 혁명**으로 이어졌고 체제의 변화라는 성과를 거두었다. 근본적으로 이 운동 목적의 합법성을 약화시킨 것은 주로 LSD나 마리화나 형태로 보급된 약물 사용의 유행이었다.

글로벌 커뮤니케이션이 점점 더 발달하고 편리해지면서 세계는 신념을 위한 도가니가 되었고, 향후 몇 년간 반체제 운동은 아이콘이 된 인물들이 큰 영향력을 행사했다. 이 리스트는 국제적으로 폭이 넓고 다방면에 걸쳐 나타났으며 말콤 X, 마틴 루터 킹, 비틀즈, 간디, 체 게바라, 존 F. 케네디 등이 포함되어 있다.

---

**지식 충전소**

중추신경계를 자극하는 강장제의 제조 과정에서 만들어진 LSD-25는 1938년 스위스 바젤에서 알버트 호프만(Albert Hoffman, 1906~2008) 박사가 최초로 합성한 것이다. 처음에는 쓸모없는 것으로 파악하고 폐기했다가 5년이 지나기 전에 재고의 과정에서 향정신성에 뛰어난 성능을 발견했다. 그리고 이것은 1960년대의 히피문화를 주도하는 약물이 되었다.

**반전운동**

1969년 새로 선출된 리처드 닉슨(Richard Nixon, 1913~1994) 대통령은 베트남 전쟁의 종결을 약속했다. 미국 전역을 양분시키며 수년 동안 계속되었고 실제로 무엇을 위해 싸우는지도 알 수 없었던 이 무력충돌은 1975년에 가서야 종결되었다.

**냉전**

제2차 세계대전의 여파로 시작된 러시아와 소련의 군사적 긴장 상태가 이어졌다.

**시민권**

1965년 2월 21일, 인종평등을 위해 대변인으로 일하던 아프리카계 미국인 무슬림 인권운동가 말콤 엑스(Malcolm X, 1925~1965)는 아프리카계 미국인들의 통합을 목적으로 한 연설을 앞두고 암살당했다.

**우주탐험**

1961년 존 F. 케네디(John F. Kennedy, 1917~1963) 미국 대통령은 10년 이내에 사람을 태운 우주선이 달에 도착할 것이라고 선언했다. 실제로 1969년 7월 20일 유인우주선이 달에 착륙했다.

**여성권**

1960년대까지만 해도 여성은 아내로서 엄마로서 가정에 있어야 한다는 신조가 주류였다. 1963년 영국에서 일하는 여성의 권리와 공평한 임금을 보장받을 수 있는 마지막 법적 장애물을 허물어뜨리는 동일임금법이 제정되면서 변화가 일어났다. 1968년 여성해방운동은 누구나 다 아는 상투어가 되었고, 직장 내에서 평등하게 일하기 위한 성공적인 장벽 허물기는 1990년대까지 계속되었다.

**사회혁명**

1963년에서 1973년 사이 미국과 영국에서는 젊은이들이 보수적인 사회규범에 대한 반항과 정부의 권한에 대한 의문을 가지면서 비롯된 거대한 사회적 변화를 겪었다. '민중에게 권력을'이라는 캐치프레이즈는 일상이 되었다. 이 시기의 중반에는 '히피' 문화, 아트 필름과 헤비메탈 록 음악이 대두되었고 1969년에는 우드스톡 페스티벌이 개최되었다.

**원자력 비상**

소비에트 연방은 쿠바와 협력하여 미국의 주요 도시들이 사정거리에 들어오는 지역에 무기를 배치했다. 그 결과 1962년 10월에 일어난 쿠바 미사일 사태는 냉전 중이었던 소련과 미국 간의 주요 대립 중 하나가 되었고, 크나큰 사회적 고민으로 자리 잡았다.

**성 혁명**

1960년 미국 식품의약국(Food and Drug Administration, FDA)은 여성이 생명의 탄생을 조절할 수 있도록 하는 경구피임약을 최초로 승인했다. 이것은 현대 사회에서 여성의 역할에 대한 사회적 태도 변화 등 서구 세계에서 이전까지 금기시하던 성이라는 주제를 급진적으로 만들었다.

**마약문화**

청년문화와 반권위주의 행동과 더불어 청소년들 사이에 마약이 확산된 것은 그리 오래된 일이 아니었다. LSD나 마리화나 같은 마약이 비틀즈나 롤링 스톤즈 등 미국과 영국의 뉴웨이브 뮤지션과 예술가들 사이에서 인기를 끌었고, 마약문화는 '흥분하라, 함께하라, 이탈하라!'라는 부추김 속에서 패션과 영화를 비롯한 주류문화의 다른 분야에까지 확산되었다.

 **현대의 가족**

　호모 사피엔스가 진화한 이래, 인류는 항상 **가족 단위**로 모여 살았다. 이 단위의 크기와 기능은 시간의 경과에 따라 달라졌지만, 양쪽 부모와 자녀라는 기본 개념은 똑같이 남아 있다. 인간이 존재하는 가장 근본적인 이유가 **종을 존속** 시키기 위해서라면 가족 단위는 이것을 가장 성공적으로 성취하는 방법임을 입증한다고 할 수 있다.

　전통적인 농업 사회에서의 확대 가족은 19세기의 산업혁명과 대중교통이 발달하면서 가족의 세대 구성 변화를 불러왔다. 일터와 공장이 **주요 광역도시**에 집중되면서 사람들은 일자리를 찾아 이주해야 했고, 확대가족은 더 단출한 **핵가족**이 되었다.

　1960년대와 1970년대에는 이혼과 한부모 가정이 보편화되는 새로운 현상이 사회적으로 대두되었다. 현재는 이혼한 부모가 각자의 가정을 그대로 두고 다른 사람과 재혼하는 일이 흔하기 때문에 한 세대 내에서 나이차가 심한 형제나 피가 반만 섞인 형제가 뒤섞여 핵가족 단위로 연결되어 있다. 또한 1980년대와 1990년대에는 **한부모 가족**의 수가 두 배나 급증하는 양상을 보였고, 아이를 갖지 않으려는 결혼커플 또는 동거커플의 수도 소폭 늘었다. 하지만 21세기 초에는 성인이 되어서도 부모와 함께 사는 가정의 모습으로 돌아가는 놀라운 일들이 생기고 있다.

지식 충전소

2002년 미국 정부 산하 인구조사국Census Bureau에 의하면 전 세계의 인구는 1800년에 비해 50억 명이나 증가했다고 한다. 2002년에 세계는 1초마다 2명씩 인구가 늘었는데, 이것은 하루에 20만 명, 한 달에 620만 명꼴이다.

## 2010년 세계의 가구당 평균 가족 수(명)

미국에서는 5초마다 67명의 아기가 태어나고,
중국에서는 274명의 아기가,
인도에서는 395명의 아기가 태어난다.

 **9/11 이후의 세계**

　2001년 9월 11일에 일어난 일대 사건은 전 세계에 변화를 가져왔다. 뉴욕의 상공을 비행하던 두 대의 항공기가 월드 트레이드 센터의 트윈 타워를 향해 추락한 사건은, BC와 AD처럼 9/11 이전과 9/11 이후로 역사에 선을 그어 분리시켜버렸다. 이 날 하루 동안 사망한 사람들의 총 수는 2,819명이었고 도시 전체를 뒤덮은 참혹한 비극은 평화로운 시절과 작별을 고하게 만들었다.

　우리는 지금 **경제가 주도하는 세상**에서 살고 있다. 9/11과 같은 사건은 세계의 주식시장에 엄청난 충격을 가한다. 실제로 **파이낸셜 타임즈 스톡 익스체인지**Financial Times Stock Exchange, FTSE (파이낸셜 타임즈와 런던증권거래소가 공동 소유한 FTSE 그룹에서 선진화된 영국 기업 리스트를 작성해 발표하는 주가지수)에서는 9/11 테러사건이 일어나자 즉각적인 하락을 보였다가 짧은 급등이 뒤를 이었다. 이것은 우리가 사는 세계가 논쟁에 활짝 열려 있다는 뜻이다. 그렇다면 도대체 얼마나 우리에게 영향을 미쳤을까?

　9/11의 여파로 미국은 **이라크 침공**에 앞장섰으며, 이 전쟁으로 10만 명이 넘는 민간인이 사망했다. 이들이 아랍 지역에 대한 분노를 폭발시키는 동안 다른 나라들은 조용히 방향을 돌려 비즈니스에 여념이 없었다.

2001년 10월 26일, 미국의 조지 부시<sup>George W. Bush</sup>(1946~) 대통령은 패트리어트법(애국법)에 서명했다. 패트리어트법은 'Uniting and Strengthening America by Providing Appropriate Tools Required to Intercept and Obstruct Terrorism'의 각 머리글자를 따서 USA PATRIOT Act, 즉 이니셜로 나타낸 것이다. 9/11 이후 미국 정부와 시민들은 즉시 테러범죄에 대하여 즉각 하나로 뭉쳤지만, 막상 이 법이 실시되어 외국인들과 마찬가지로 많은 미국인들의 사생활과 시민적 자유가 박탈당하자 비난을 면치 못했다.

**아래의 표는 세계에서 일어나는 다양한 사건들이 FTSE 100 지수에 얼마나 영향을 미치는지를 나타낸 것이다.**

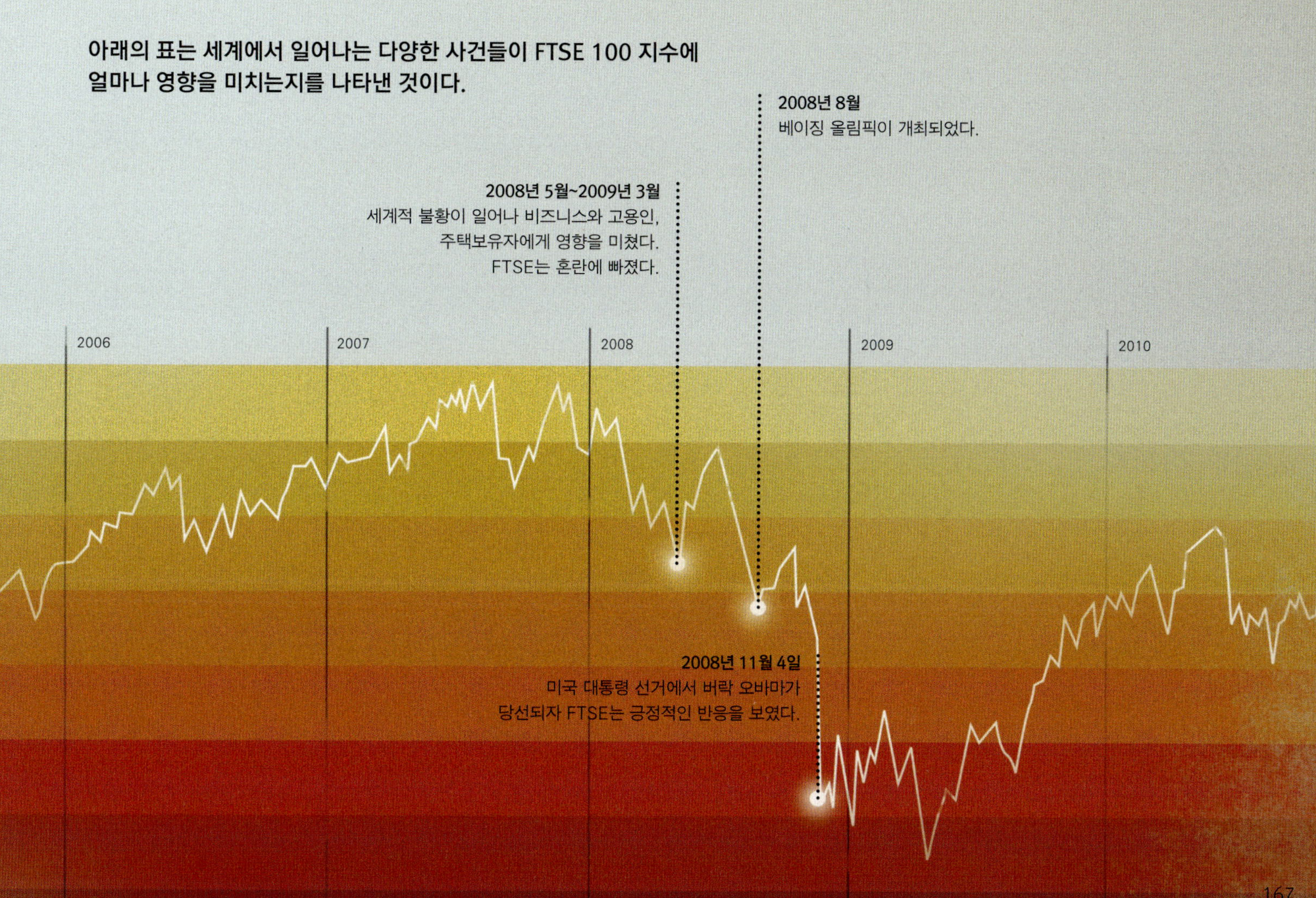

# 제7장

# 과학 & 약

 # 원자의 크기

원자는 어디에나 존재하는 모든 것이다. 우리 인간도 원자로 이루어져 있고 원자에 둘러싸여 있다. 이 페이지 역시 수십억 개의 원자로 이루어져 있으며 우리가 보는 곳은 수십조 개 이상의 원자로 이루어져 있다. 하지만 그들은 작다. 'i'의 점 위에도 수십억 개의 원자가 담겨 있을 만큼 너무 작다.

원자가 서로 결합하면 다른 성질을 가진 물질이 된다. 가장 잘 알려져 있는 예로는 하나의 **산소 원자**와 **두 개의 수소 원자의 결합**이다. 이들이 결합하면 물-$H_2O$-을 만들어낸다. 원자가 결합되면 **분자**가 된다. 나무로 만든 네 개의 다리와 의자, 등받이를 정확하게 결합하면 의자가 만들어지는 것처럼 분자의 결합 방법은 그들이 만들어내는 대상에 막대한 영향을 미치기 때문에 아무런 규칙 없이 결합되지 않는다.

**지식 충전소**

양성자의 질량은 중성자의 질량과 거의 동일하지만 전자의 질량보다 1,840배 더 크다.

원자는 모든 물질의 기본적인
화학적 구성단위로, 우리가 보
고 듣고 만지고 맡는 모든 것이
다. 원자는 살아 있다.

원자는 양성자(양전하를 운반한다),
중성자(전자가 없다), 전자(음전하)
로 이루어져 있다.

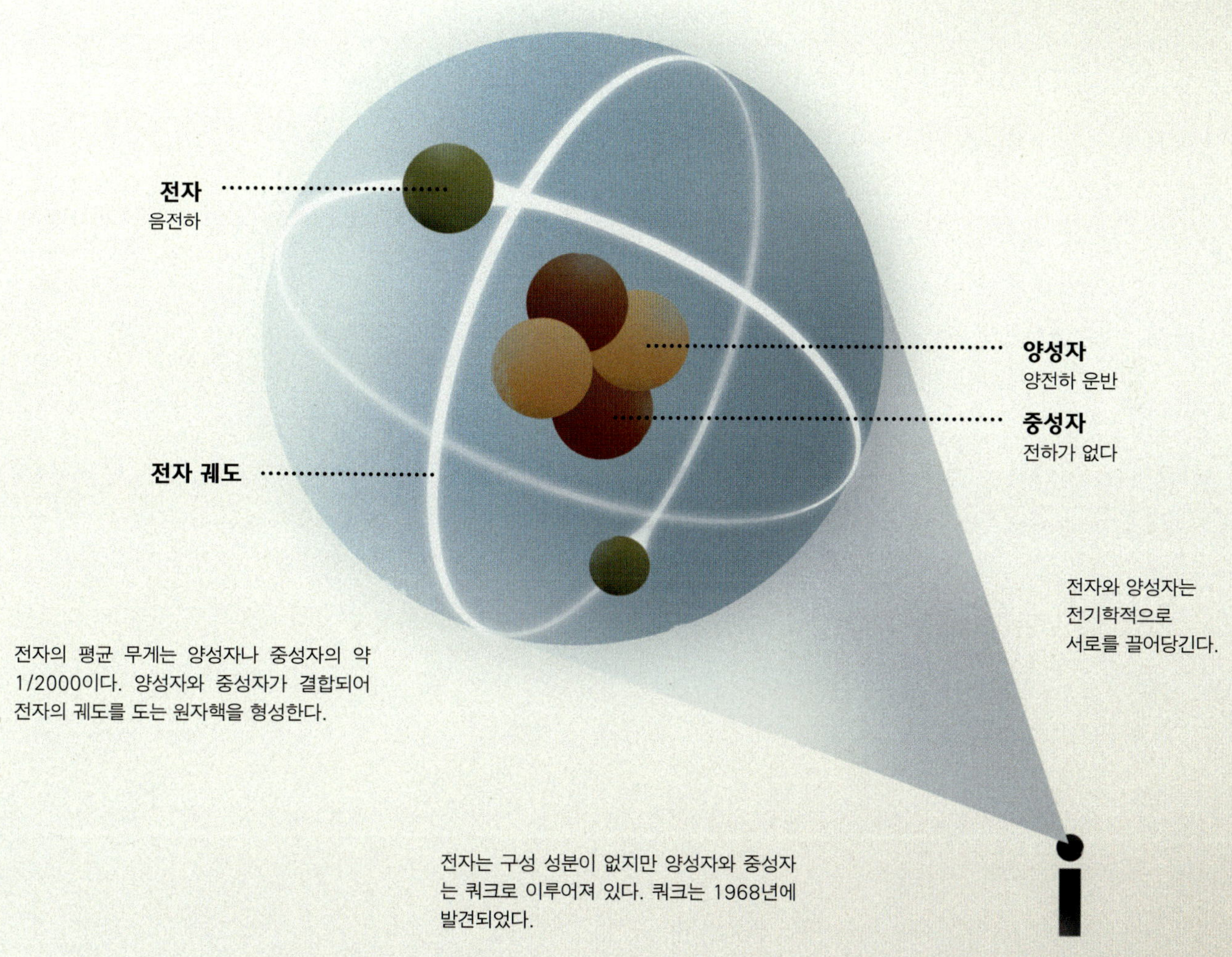


전자와 양성자는
전기학적으로
서로를 끌어당긴다.

전자의 평균 무게는 양성자나 중성자의 약
1/2000이다. 양성자와 중성자가 결합되어
전자의 궤도를 도는 원자핵을 형성한다.

전자는 구성 성분이 없지만 양성자와 중성자
는 쿼크로 이루어져 있다. 쿼크는 1968년에
발견되었다.

수소원자의 지름이 1cm 크기라면
전자의 궤도는 500m 정도가 될 것이다.

 **뉴턴의 중력**

중력은 볼 수도 없고 만질 수도 없지만 이 중력이 없다면 우리는 우주 속을 떠돌고 있을 것이다. 중력의 힘 덕분에 우리는 지구 표면에 붙어 있을 수 있고 지구는 태양의 궤도를 일정하게 돌 수 있으며 우주는 질서를 유지할 수 있다.

아이작 뉴턴$^{Isaac Newton}$(1642~1727)은 –아마도 사실이 아닐 것 같지만 – **나무에서 떨어지는 사과**를 관찰한 사람으로 널리 알려져 있다. 떨어지는 과일을 관찰했든 아니든 간에 뉴턴이 만유인력의 보편적인 원리를 발견한 것은 사실이고 1687년에 출간한《프린키피아 *Principia*》에서 그것을 설명하고 있다. 이 법칙을 간단히 설명하면 '질량이 있는 모든 물체는 나머지 다른 물체를 끌어당긴다'라고 할 수 있다. 만약 물질의 질량과 물질 간의 거리를 안다면 서로 끌어당기는 힘의 크기도 계산할 수 있다.

《프린키피아》가 출간되었을 때부터 알베르트 아인슈타인이 등장한 20세기 초까지 뉴턴의 법칙은 널리 인정받았지만 해결되지 않는 모순도 있었다. 이것은 1915년에 출간된 **아인슈타인의 일반상대성이론**이 물체가 끌어당기는 현상 때문에 시공간이 휘는 현상을 설명함으로써 해결되었다. 간단하게 이야기하면 물체A가 물체B에 다가가지 않고 직선으로 움직이려고 해도 직선이 휘었기 때문에 이 둘은 점차 가까워진다는 것을 나타낸다. 또는 빛은 똑바로 나아가려 하지만 휘어진 공간 때문에 휘어가게 된다는 것이다.

오늘날에도 **뉴턴의 이론**은 그의 방정식과 함께 여전히 쓰이고 있지만 수성의 근일점 이동 문제 등 뉴턴이 발견하지 못한 모순을 아인슈타인의 이론이 해결함으로써 아인슈타인의 이론이 더 뛰어난 것으로 인정받고 있다.

**지식 충전소**

진공상태에서 모든 물체는 중력에 의해 서로 똑같이 영향을 미친다. 그래서 같은 높이에서 탁구공과 대포를 떨어뜨리면 같은 속도로 땅에 떨어지는 것이다.

중력상수 ......

..... 첫 번째 물질의 질량

만유인력 .....

..... 두 번째 물질의 질량

$$F = \frac{Gm_1 m_2}{r^2}$$

두 물질 사이의 거리

 **원소의 주기율표**

　원소는 우리가 주변에서 흔히 볼 수 있는 모든 물질을 이루고 있는 **구성 요소**이다. 원소는 더 이상 쪼개지지 않으며 우리의 생활에서 알고 있는 모든 것이다. 우주 역시 원소로 이루어져 있다. 각 원소를 이루는 원자의 중심에는 원자핵이 있고, **원자번호**는 이 **원자핵에 있는 양성자의 수**를 기준으로 만들어졌다.

　1869년 러시아의 드미트리 멘델레예브$^{Dmitri\ Mendeleev}$(1934~1907)는 현재 우리가 알고 있는 주기율표를 만들어낸 화학자이다. 멘델레예브는 원소를 원자 번호 순으로 가로로 배치하고 원소의 속성이 반복되면 다시 새로운 가로줄에 시작했기 때문에 '주기율표'라는 용어를 썼다. 주기율표의 세로줄을 보면 원자의 속성에 따라 그룹으로 묶을 수 있다. 이 배열은 신기원을 이룬 그의 첫 번째 발견이었다. 그의 두 번째 발견은 주기율표에 일정한 공백이 있다는 것을 인식한 것인데, 이 공백은 아직 발견되지 않은 원소를 나타낸다. 그가 처음 주기율표를 그릴 때 65개였던 원소는 현재 118개가 되었다.

　주기율표에서는 원자 번호와 마찬가지로 각 원소의 기호(예를 들어 **수소**$^{hydrogen}$는 H로 표기하고 **주석**$^{tin}$은 Sn으로 표기한다)와 원자질량과 일치한다. 주기율표는 과학적인 모든 측면에 사용되고 있으며 매우 귀중한 자료이다. 왜냐하면 같은 그룹의 원소는 비슷하게 반응하기 때문에 아직 알려지지 않은 미지의 원소반응까지도 과학자들이 예측할 수 있기 때문이다.

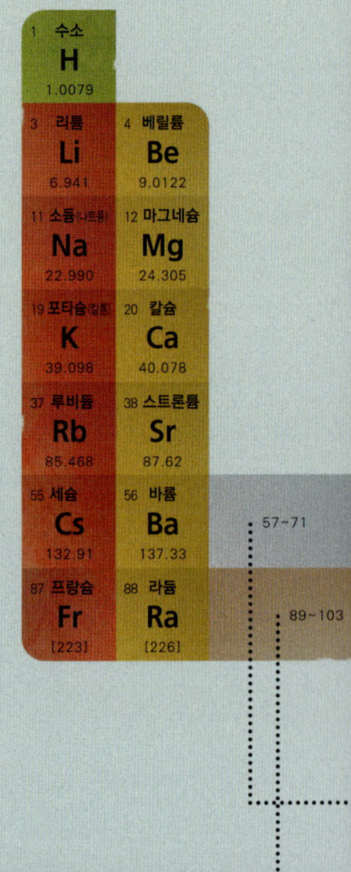


> **지식 충전소**
>
> 원소117의 이름은 우눈셉튬이다. 이 원소는 아직 발견이 확정된 것은 아니지만 주기율표의 공백상 117번은 이 원소의 자리가 틀림없다.

원자 번호  원소명

**원소 기호**

표준원자량

## 주기율표 (원소 정보)

**He** — 2 헬륨, 4.0026

| 번호 | 원소명 | 기호 | 표준원자량 |
|---|---|---|---|
| 5 | 붕소 | B | 10.811 |
| 6 | 탄소 | C | 12.011 |
| 7 | 질소 | N | 14.007 |
| 8 | 산소 | O | 15.999 |
| 9 | 플루오린 | F | 18.998 |
| 10 | 네온 | Ne | 20.180 |
| 13 | 알루미늄 | Al | 26.982 |
| 14 | 규소 | Si | 28.086 |
| 15 | 인 | P | 30.974 |
| 16 | 황 | S | 32.065 |
| 17 | 염소 | Cl | 35.453 |
| 18 | 아르곤 | Ar | 39.948 |
| 21 | 스칸듐 | Sc | 44.956 |
| 22 | 타이타늄(타이타늄) | Ti | 47.867 |
| 23 | 바나듐 | V | 50.942 |
| 24 | 크롬 | Cr | 51.996 |
| 25 | 망간 | Mn | 54.938 |
| 26 | 철 | Fe | 55.845 |
| 27 | 코발트 | Co | 58.933 |
| 28 | 니켈 | Ni | 58.693 |
| 29 | 구리 | Cu | 63.546 |
| 30 | 아연 | Zn | 65.39 |
| 31 | 갈륨 | Ga | 69.723 |
| 32 | 저마늄 | Ge | 72.61 |
| 33 | 비소 | As | 74.922 |
| 34 | 셀레늄 | Se | 78.96 |
| 35 | 브로민 | Br | 79.904 |
| 36 | 크립톤 | Kr | 83.80 |
| 39 | 이트륨 | Y | 88.906 |
| 40 | 지르코늄 | Zr | 91.224 |
| 41 | 나이오븀 | Nb | 92.906 |
| 42 | 몰리브데넘 | Mo | 95.94 |
| 43 | 테크네튬 | Tc | [98] |
| 44 | 루테늄 | Ru | 101.07 |
| 45 | 로듐 | Rh | 102.91 |
| 46 | 팔라듐 | Pd | 106.42 |
| 47 | 은 | Ag | 107.87 |
| 48 | 카드뮴 | Cd | 112.41 |
| 49 | 인듐 | In | 114.82 |
| 50 | 주석 | Sn | 118.71 |
| 51 | 안티몬 | Sb | 121.76 |
| 52 | 텔루륨 | Te | 127.60 |
| 53 | 아이오딘(아이오딘) | I | 126.90 |
| 54 | 제논 | Xe | 131.29 |
| 72 | 하프늄 | Hf | 178.49 |
| 73 | 탄탈럼 | Ta | 180.95 |
| 74 | 텅스텐 | W | 183.94 |
| 75 | 레늄 | Re | 186.21 |
| 76 | 오스뮴 | Os | 190.23 |
| 77 | 이리듐 | Ir | 192.22 |
| 78 | 백금 | Pt | 195.08 |
| 79 | 금 | Au | 196.97 |
| 80 | 수은 | Hg | 200.59 |
| 81 | 탈륨 | Tl | 204.38 |
| 82 | 납 | Pb | 207.2 |
| 83 | 비스무트 | Bi | 208.98 |
| 84 | 폴로늄 | Po | [209] |
| 85 | 아스타틴 | At | [210] |
| 86 | 라돈 | Rn | [222] |
| 104 | 러더포듐 | Rf | [261] |
| 105 | 더브늄 | Db | [267] |
| 106 | 시보귬 | Sg | [266] |
| 107 | 보륨 | Bh | [264] |
| 108 | 하슘 | Hs | [269] |
| 109 | 마이트너륨 | Mt | [268] |
| 110 | 다름스타튬 | Ds | [271] |
| 111 | 렌트게늄 | Rg | [272] |
| 112 | 코페르니슘 | Cn | [277] |
| 113 | 우눈트륨 | Uut | [286] |
| 114 | 플레로븀 | Fl | [289] |
| 115 | 우눈펜튬 | Uup | [289] |
| 116 | 리버모륨 | Lv | [293] |
| 117 | 우눈셉튬 | Uus | [294] |
| 118 | 우눈옥튬 | Uuo | [294] |

### 란타넘족

| 번호 | 원소명 | 기호 | 표준원자량 |
|---|---|---|---|
| 57 | 란타넘 | La | 138.91 |
| 58 | 세륨 | Ce | 140.12 |
| 59 | 프라세오디뮴 | Pr | 140.91 |
| 60 | 네오디뮴 | Nd | 144.24 |
| 61 | 프로메튬 | Pm | [145] |
| 62 | 사마륨 | Sm | 150.36 |
| 63 | 유로퓸 | Eu | 151.96 |
| 64 | 가돌리늄 | Gd | 157.25 |
| 65 | 터븀 | Tb | 158.93 |
| 66 | 디스프로슘 | Dy | 162.50 |
| 67 | 홀뮴 | Ho | 164.93 |
| 68 | 어븀 | Er | 167.26 |
| 69 | 툴륨 | Tm | 168.93 |
| 70 | 이터븀 | Yb | 173.04 |
| 71 | 루테튬 | Lu | 174.97 |

### 악티늄족

| 번호 | 원소명 | 기호 | 표준원자량 |
|---|---|---|---|
| 89 | 악티늄 | Ac | [227] |
| 90 | 토륨 | Th | 232.04 |
| 91 | 프로탁티늄 | Pa | 231.04 |
| 92 | 우라늄 | U | 238.03 |
| 93 | 넵투늄 | Np | [237] |
| 94 | 플루토늄 | Pu | [244] |
| 95 | 아메리슘 | Am | [243] |
| 96 | 퀴륨 | Cm | [247] |
| 97 | 버클륨 | Bk | [247] |
| 98 | 칼리포늄 | Cf | [251] |
| 99 | 아인슈타이늄 | Es | [252] |
| 100 | 페르뮴 | Fm | [257] |
| 101 | 멘델레븀 | Md | [258] |
| 102 | 노벨륨 | No | [259] |
| 103 | 로렌슘 | Lr | [262] |

### 범례

- 알칼리금속
- 알칼리토금속
- 란탄족
- 악티늄족
- 전이금속
- 전이후금속
- 준금속
- 기타 비금속
- 할로겐족
- 비활성기체
- 화학적 속성이 알려지지 않음

 **누구나 알아야 할 방정식**

모든 과학 분야는 세상의 모든 것을 이해시키기 위해 수학의 도움을 받고 있으며, 모든 것은 수학을 이용해 그리거나 설명할 수 있다. 계산을 하는 데 얼마가 걸리든 다음 버스가 언제 오는지, 소행성이 지구에 언제 떨어지는지를 예측하는 데에도 **수학은 꼭 필요**하다.

초기 수학은 무역이나 농사 등에 쓰이며 전적으로 삶의 요소이자 일상의 한 부분이었다. 그러던 어느 날 우리가 사는 세상을 서술하는 데에 수학을 이용할 수 있다는 사실을 깨닫게 된 것이다. 심지어 수학으로 결과를 예측할 수도 있었고 **가능성도 무한대**였다. 수학에는 다른 과학 분야에는 없는 간명한 아름다움이 존재했다. 수학과 다른 지식 분야는 서로 교차하는 부분이 있는데 그 기준이 되는 단적인 예로 **황금비율**을 들 수 있다.

예술에서 황금비율은 시대를 초월하여 적용된다. 선분 $a+b$ 전체의 길이와 긴 선분 a의 길이 간의 비율은 $a$의 길이와 짧은 선분 $b$의 길이 간의 비율과 동일하다. 이 비율은 '모나리자' 등 수많은 고전 예술 작품에서도 찾아볼 수 있다. 모나리자의 얼굴 길이와 너비의 비율이 황금비율이며, 모나리자의 이마 너비와 길이의 비율도 아래의 식에 나타난 비율로 나타낼 수 있다.

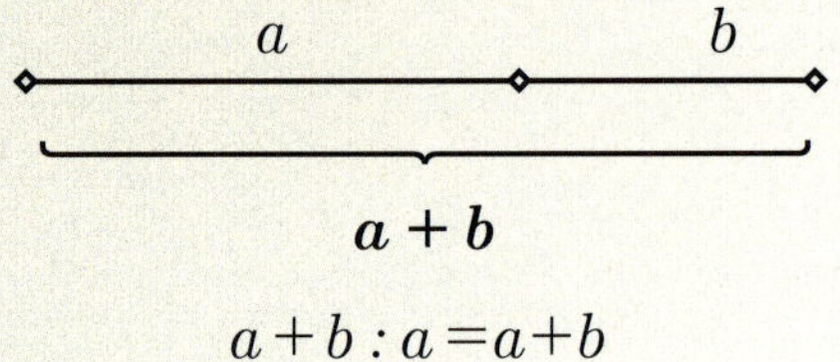

$$a+b : a = a+b$$

### 방정식 1
### 원주율

$$\pi = \frac{C}{d}$$

$C$ : 원의 둘레

$d$ : 원의 지름

$\pi$ : 파이(원주율)

### 방정식 2
### 알베르트 아인슈타인의
### 일반상대성이론

$$E = mc^2$$

$E$ : 에너지　　$m$ : 질량　　$c$ : 빛의 속도

### 방정식 3
### 뉴턴의 운동 제2법칙

$$F = ma$$

$F$ : 작용한 힘　　$m$ : 질량　　$a$ : 가속도

### 방정식 4
### 피타고라스의 정리

$$a^2 + b^2 = c^2$$

$a , b :$
직각삼각형의 짧은 두 변

$c :$
직각삼각형의 긴 변

### 방정식 5
### 융자금 상환

$n$ : 개월 수

$$P = \frac{Cr(1+r)^N}{(1+r)^N - 1}$$

$P$ : 월 상환액

$r$ : 월별 이자(연이율의 1/12)

### 방정식 6
### 원의 넓이

$A$ : 넓이

$$A = \pi r^2$$

$r$ : 반지름

$\pi$ : 파이(원주율)

 **전기의 작동 원리**

모든 원자핵의 주위에는 전자가 있고 **전자**는 **핵** 둘레를 돈다. 전원이 켜지면서 '에너지'가 발생하면 전자는 한 원자에서 다른 원자로 전이한다. 이 움직임이 **전류**이다. 이 흐름 또는 **전자의 움직임**이 전기 물체를 작동하게 만든다. 전기가 작동하는 데 꼭 필요한 요소는 완성회로이다. 손으로 전구의 스위치를 누르면 완성회로가 전자를 움직이게 하는데, 전자가 움직이면 전구에 불이 켜진다.

대부분의 회로를 이루고 있는 전선에서 전자는 넓은 호수를 통과하는 물처럼 큰 저항 없이 자유롭게 움직일 수 있다. 하지만 전구에 도달하면 빛을 밝히는 필라멘트의 저항은 좁은 호수를 통과하는 물처럼 높아진다. 이 저항과 압력이 전자의 움직임을 가동시켜 필라멘트가 달구어지면 전구가 빛나게 된다.

> **지식 충전소**
>
> 이탈리아 물리학자 알레산드로 볼타 Alessandro Volta (1745~1827)는 최초로 전기 배터리를 발명한 공로를 인정받고 있다. 이 발견은 동시대의 해부학자 루이지 갈바니 Luigi Galvani (1937~1798)가 했던 개구리 다리에 전류를 흐르게 하면 근육이 경련하는 실험의 간접적인 덕을 톡톡히 보았다고 할 수 있다.

전자가 원자핵 사이를 전
이하면 전기가 발생한다.

전류는 언제나 가장 쉽게
가는 길을 찾아낸다.

전기는 1초에 30만㎞를 이동한다. 만약 인간이 그
정도의 속도로 이동할 수 있다면 전구를 켜는 동안
에 지구를 8바퀴는 돌 수 있을 것이다.

우리의 뇌에서는 10~25W의 힘이 발생한다. 이것
은 전구를 밝히기에 충분한 힘이다.

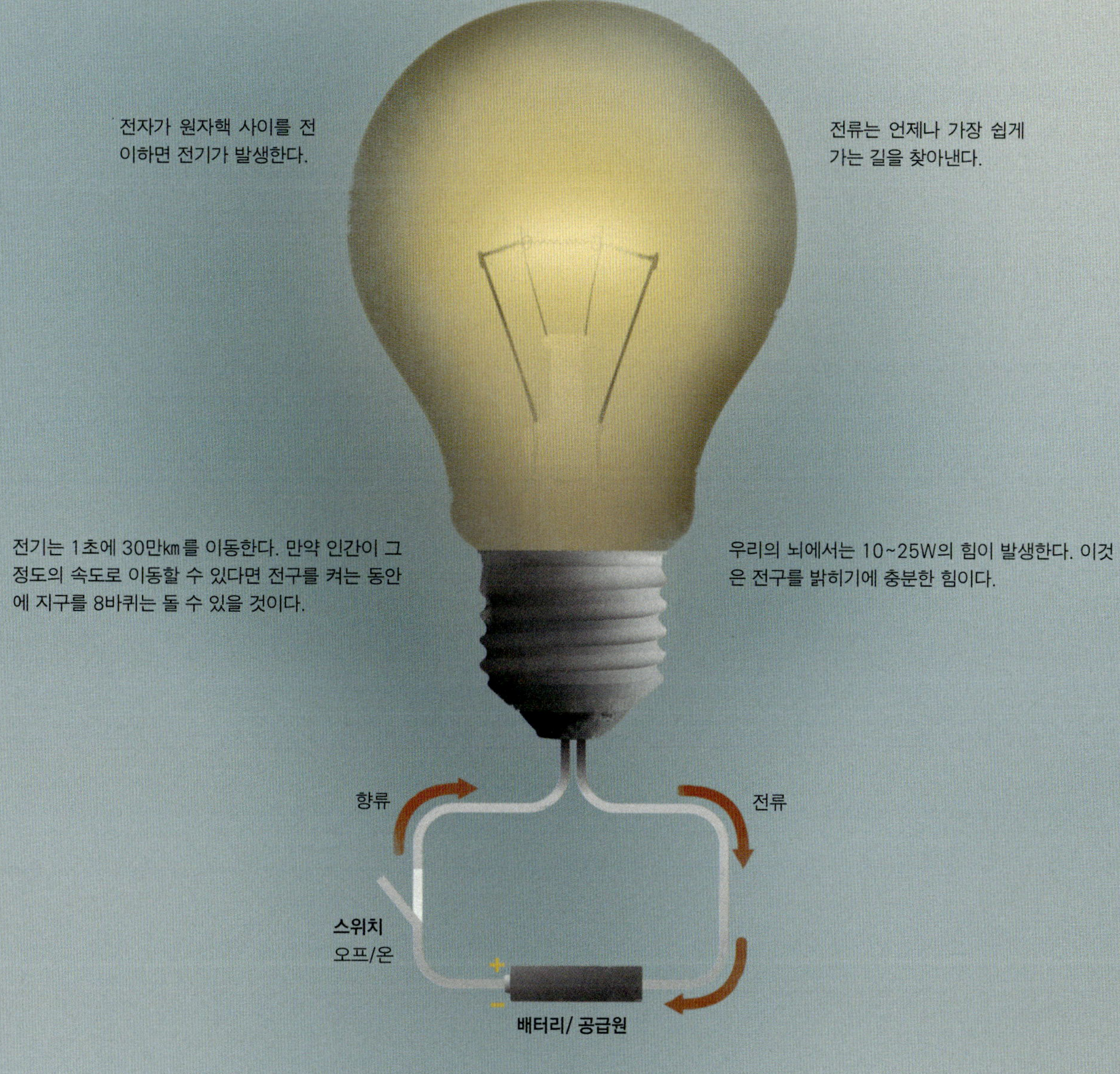


전력은 직류나 교류로만 흐를 수 있다. 배터리는 직류의 예이
고 전하는 화학적 반응에 의해 일어난다. 발전소는 구리선 안
에 있는 자석의 움직임으로 교류전기를 만들어낸다.

 # 박테리아의 내부

오늘날 우리 주변에 존재하는 박테리아는 지구가 탄생했을 때부터 진화를 시작했다. 박테리아는 **단세포 생물**로, 모든 진화가 시작된 가장 오래된 생물에서 찾아볼 수 있는 기본 구조로 되어 있다. 한마디로 박테리아는 지구에 발생했던 **초기 생물의 형태**였다.

박테리아는 인간에게 해로운 복제능력이 있지만 실제로는 해로운 것보다 인간에게 **도움이 되는 종류**가 훨씬 더 많다. 예를 들어 인간의 소화기관에 있는 박테리아는 소화에 꼭 필요한 작용을 하고 비타민을 만들어내며 면역시스템을 활발하게 한다.

박테리아가 신체 조직에 접근하면 **박테리아 감염**이 발생한다. 일반적으로 박테리아는 입, 코, 눈뿐만 아니라 상처를 통해서도 침입하는데 이때 경로가 남게 되면 박테리아 감염을 일으키는 것이다. 예를 들어 1348~1350년 사이에 유럽에서 발병하여 7700만 명이나 사망했던 **흑사병**처럼 전염병이나 떼죽음 등의 거대한 규모까지도 일으킬 수 있다. 하지만 **항생제** 등 항균성 약이 발달하면서 유행병의 창궐을 막을 수 있게 되었다. 오늘날과 같이 항생제를 쉽게 사용할 수 있게 되기 전, 1864년 화학자 루이 파스퇴르는 끓이는 과정에서 모든 박테리아가 죽는다는 사실을 밝혀냈다. 그래서 **저온살균**을 파스퇴르 살균법Pasteurisation이라고도 한다.

### 지식 충전소

최초의 미생물학자 레벤후크Antony van Leeuwenhoek(1631~1723)는 최초로 박테리아를 '본' 사람이다. 그는 고성능 현미경으로 호수의 물속에 떠다니는 수많은 것 중 박테리아를 처음 관찰한 선구자였다.

# 세균 세포의 구조

박테리아는 **박테리아**와 **시아노박테리아** 그룹으로 나눌 수 있다. 시아노박테리아는 대기 중의 산소가 풍부해진 것과 밀접한 연관이 있다.

박테리아는 세 가지 모양이 있다: **구**(구균), **막대**(간균), **나선**(나선균)

박테리아는 엄청난 온도대(극저부터 극고까지)에서도 살아남아 번식할 수 있다.

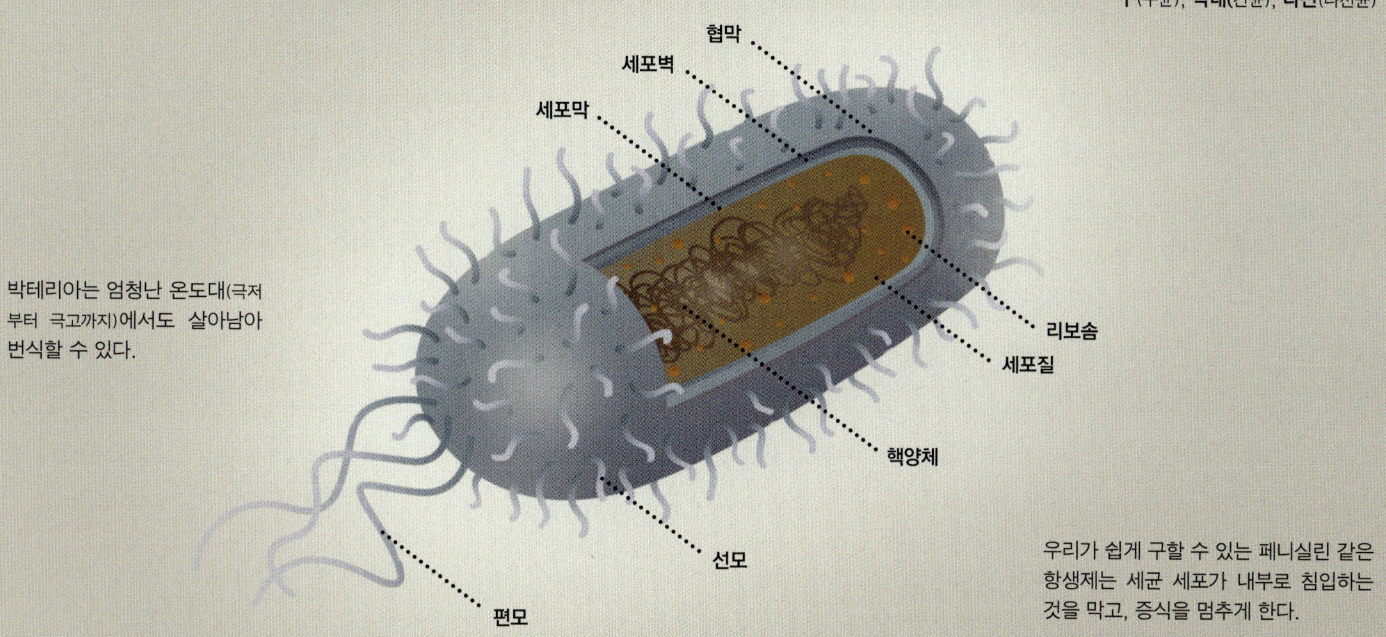


우리가 쉽게 구할 수 있는 페니실린 같은 항생제는 세균 세포가 내부로 침입하는 것을 막고, 증식을 멈추게 한다.

박테리아는 작다. 아주 작다. 그들의 크기는 약 1000나노미터 정도인데, 1나노미터는 1밀리미터의 100만 분의 1에 해당한다.

우리 몸에는 인간의 세포보다 세균의 세포가 더 많다. 심지어 우리 몸에 있는 세균 세포는 지구에 사는 인구수보다 더 많다.

 **자력의 법칙**

자석은 **자기장**을 만들어내는 물체나 물질을 말한다. 우리가 살고 있는 행성, 지구 또한 자석이다. 모든 자석에는 북극과 남극이 있다. 자석은 **같은 극**끼리는 밀어내고 **반대 극**끼리는 끌어당기는 성질이 있다.

자기장은 자석 속에 들어 있는 **전자의 움직임**에 의해 생성된다. 사실 자력은 자석과 전기의 움직임과 서로 관련이 있는데, 이것을 **전자기**라고 한다. 이것은 동전의 양면과도 같은 개념이다.

자석의 종류에는 **영구자석**과 **전자석**이 있다. 영구자석의 자기장은 고정되어 있으며 일단 자성을 가지면 외부자기장을 제거해도 자성을 오랜 시간 보유하게 된다. 전자석의 자기장은 전류가 흐를 때만 가동된다. 대부분의 자석은 이 두 가지 성질 중 한 가지 방법으로 수행된다. 냉장고에 붙이는 메모 자석은 영구자석의 예이고, 전자석은 우리가 일상적으로 사용하는 차나 오디오, 텔레비전, 컴퓨터 등 대부분의 기계에서 찾아볼 수 있다.

전선을 따라 **전류**가 흐를 때 자기장이 생성되며, 전선의 자석을 회전시키면 전류를 얻을 수 있다. 이것과 전기에 대한 약간의 지식(원자핵이 궤도를 돈다는 것)만 안다면, 표면적으로는 전류가 없는데도 어떻게 자기장이 생성되는지를 설명할 수 있을 것이다.

**지식 충전소**

중국 상하이의 자기부상(물체를 띄우는 자석의 성질)을 이용한 자기부상 열차는 사람들을 곳곳으로 실어 나른다. 이 열차는 평균 시속 250㎞로 이동하는데 이는 종래의 선로열차보다 훨씬 더 빠른 속도이다.

지구의 자기력은 외핵을 이루는 철과
니켈이 움직이면서 발생한 전류에서
비롯된다.

자석의 끌어당기는 힘은
극에서 가장 강하다.

자력은 우주의 진공상태 같은
매우 먼 거리에도 작용한다.

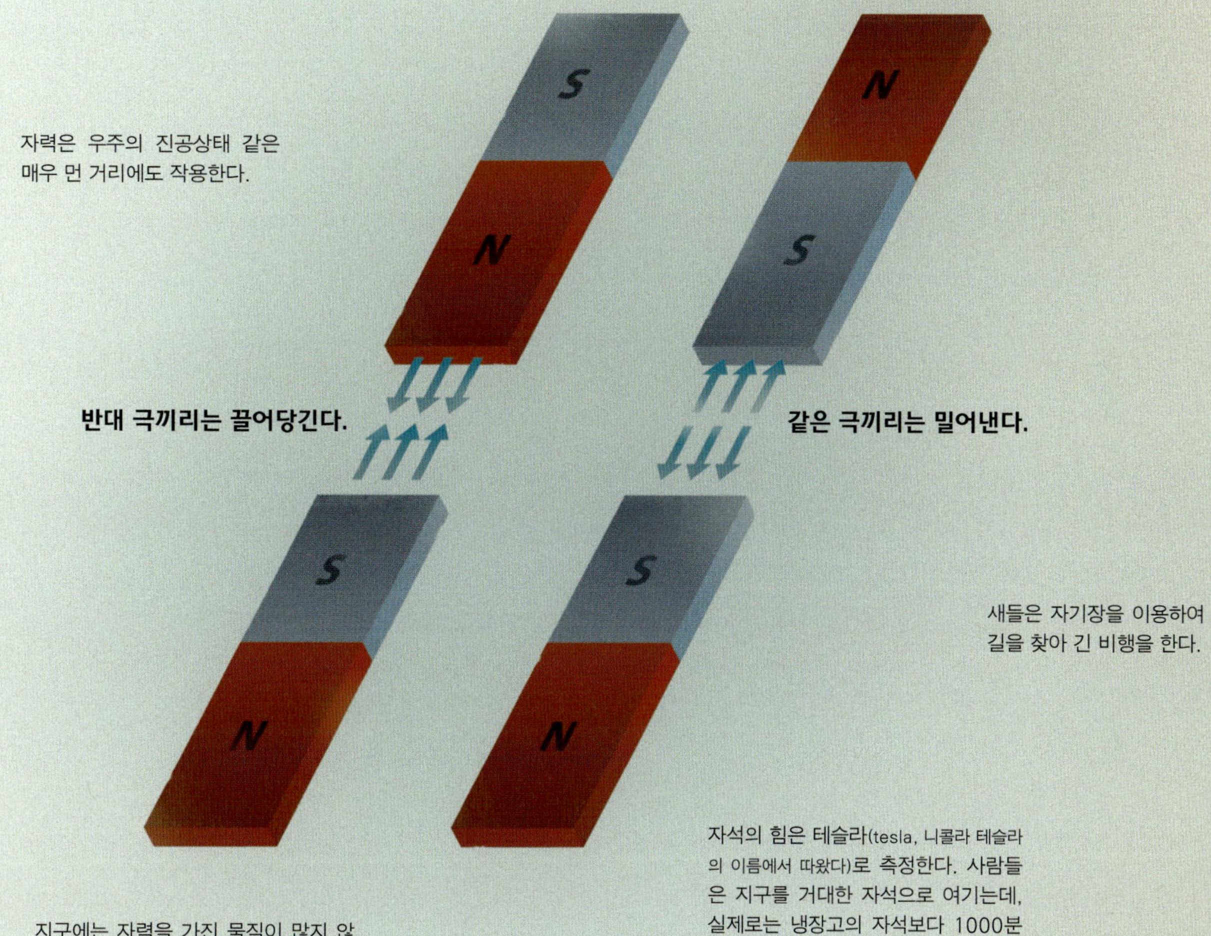


**반대 극끼리는 끌어당긴다.**

**같은 극끼리는 밀어낸다.**

새들은 자기장을 이용하여
길을 찾아 긴 비행을 한다.

지구에는 자력을 가진 물질이 많지 않
다. 철 외에도 니켈, 코발트, 강철 원
소 등이 천연에서 나는 자성물질이다.

자석의 힘은 테슬라(tesla, 니콜라 테슬라
의 이름에서 따왔다)로 측정한다. 사람들
은 지구를 거대한 자석으로 여기는데,
실제로는 냉장고의 자석보다 1000분
의 1 정도로 약하다.

 **독특한 측량의 역사**

우리가 주로 측정하는 세 종류의 치수는 **거리, 무게, 시간**이다. 이것은 모두 유한한 단위로 이루어져 있으며 전 세계적으로 표준화되어 있다. 영국 보스턴에서의 **1초**는 미국 매사추세츠 주 보스턴에서의 1초와 같은 시간 길이이다. 마드리드에서의 **1kg**은 맨체스터에서의 1kg과 같은 무게이며, 롱아일랜드에서의 **1m**는 리틀햄프턴에서의 1m와 같은 길이이다. 전 세계적으로 측량이 중요한 이유는 당신이 주문한 4kg의 밀가루가 정확한 무게로 사흘 만에 배달되기 위해서는 당신이 주문한 내용을 다른 사람이 이해하고 수행해야 하기 때문이다.

오늘날의 **미터법**은 1789~1799년에 일어난 프랑스 혁명과 루이 16세의 덕분이다. 프랑스의 왕이 명령한 **도량형 개혁안**이 발전하면서 기존에 사용하던 제각각 달랐던 치수보다 훨씬 더 **보편적으로 적용**할 수 있게 되었다.

---

**지식 충전소**

미국 메릴랜드에 있는 미국표준기술연구소의 세계에서 가장 정확한 NIST-F1은 3000만 년마다 1초의 오차가 발생한다.

## 초기의 측정 방법과 현재의 계산법 비교

**초기**

**현재**

지구를 도는 태양의 가현운동을 기준으로 삼는다. 태양일은 24(시간)로 나뉘고, 이것은 다시 60(분)으로 나뉘며, 각 분은 60개의 초로 나뉜다.

**1초**

1967년 이래 1초는 바닥상태에 있는 세슘-133 원자가 2개의 초미세 준위 사이를 전이할 때 발생하는 전자기파 복사의 91억 9263만 1,770주기 동안 걸리는 시간으로 정의되어 있다.

1m는 원래 북극에서 적도까지 자오선의 1000만분의 1로 정의되어 있었다.

**1미터**

빛이 진공상태에서 1/299792458초 동안 이동한 거리를 1미터라고 한다. '미터'라는 용어는 1797년 영어에 처음 도입되었다.

1606년 이래 사용해온 단위이다. 1인치는 보리알 3개의 길이로, 보리알은 8mm의 균일한 것을 사용했다.

**1인치**

2.54㎝

0℃에서 물 1리터의 질량

**1킬로그램**

백금의 질량분율 90%와 이리듐의 질량분율 10%의 합금으로 만든 실린더 모양의 원기가 1kg의 국제적인 기준이다.

7,200알의 밀알.

0.45359237kg

**1파운드**

 # 의약 사업

우리는 아플 때 건강이 회복되기를 바라며 약을 먹는다. 약이라는 단어는 치료에 대한 많은 것을 커버하는데 약이 어떻게 작용하는지에 따라 세 부분으로 나눌 수 있다.

- **결핍을 회복시킴**  보충제
- **침입자를 죽임**  항생제
- **세균으로 인한 염증 반응을 완화시킴** 소염제

### 보충제

뼈가 물렁해져서 골절이나 기형을 일으키는 구루병은 결핍 질병의 대표적인 예로 비타민 D와 칼슘을 복용하고 햇빛을 쬐어주면 치료가 가능하다.

### 항생제

세균 감염은 질병의 주요 원인으로 가장 잘 알려져 있고 보편적으로 쓰이는 치료제는 페니실린이다. 1928년 알렉산더 플레밍Alexander Fleming(1881~1955)이 우연히 발견한 페니실린은 기본적으로 세균의 세포벽을 파괴하는 작용을 한다.

### 소염제

소염제(항염증제)인 이부프로펜(소염진통제)은 사실상 아픈 곳을 치료해주지는 않지만 증상을 한풀 꺾어주고 종종 완전히 없애기도 한다. 통증신호의 생산을 담당하는 시클로옥시게나아제 효소를 억제하는 이부프로펜은 우리가 통증을 느끼지 않게 효과적으로 몸을 속인다.

약은 분류 방법만큼이나 전달 방법도 매우 중요하다. 약은 혈액을 타고 온몸에 전달되기 때문에 혈액 내 흡수속도가 치료 효과에 영향을 미친다.

- **정맥주사**-약액을 혈관 속에 직접 주입하는 방법
- **근육주사**-약액을 근육에 직접 주입하는 방법
- **피하주사**-약액을 진피와 근육 사이에 직접 주입하는 방법
- **좌약**-약을 직장을 통해 주입하는 방법
- **경구**-약을 입으로 삼키는 방법

타입에 따른 약의 선택은 관련 질병이 무엇인지, 그리고 속도와 전달 시기에 달려 있다. 대부분 가장 빨리 퍼지는 약을 원하겠지만 당뇨병의 치료제인 인슐린처럼 어떤 치료에는 천천히 오래 퍼져야 하는 경우도 있다.

이 그래프는 미국에서 가장 많이 처방받은 약물 중 1~15위까지를 나타낸 것이다. 약물 중 여섯 가지는 스트레스로 인한 고혈압, 두 가지는 기름진 식단에 의한 고콜레스테롤, 나머지는 불안, 고혈압 또는 우울증이 차지하고 있다. 마지막으로 선진국에서는 높은 스트레스와 비만, 우울증이 빠른 속도도 증가하고 있으며 이와 관련된 약들은 고가로 판매되고 있다.

 **인간의 사망 원인은 무엇일까?**

인간의 죽음에는 여러 가지 이유가 있지만 인류는 진화를 거치면서 조금이라도 오래 살기 위해 죽음을 피하는 방법을 습득했다. 현재 우리가 사는 방식, 우리를 죽이거나 아프게도 하는 것들 역시 달라졌다. 심지어 과거에는 존재하지 않았던 질병이 우리를 공격해 쓰러뜨릴 수도 있다. 간단히 말하면 우리가 더 오래 살게 되었기 때문에 질병도 공격할 기회를 더 많이 갖게 된 것이다.

세계보건기구World Health Organization에서는 질병의 원인을 다음과 같은 세 카테고리로 묶고 있다.

a) **비전염성 상태**

b) **전염병**, 모성과 출산 전후 보건, 영양실조

c) **부상**

최근 통계자료에 의하면 각각 a) 58.65%, b) 32.31%, c) 9.04%의 수치를 기록하고 있다.

전 세계적으로 가장 높은 단일 사망원인은 매년 사망자 수의 30%에 이르는 심혈관 질환이었다. 다양한 형태의 모든 암은 12.46%, 후천성 면역결핍증인 에이즈는 전체 사망원인의 5%에 불과했다. 놀랍게도 교통사고에 의한 사망이 2%인 데 반해 전쟁으로 인한 사망은 0.3%에 불과했다. 자살에 의한 사망은 사망원인 중 1.53%를 차지했다.

선진국의 주요 사망원인에서 19세기와 현재의 차이는 특히 페니실린과 같은 **항생제의 발견**에 있다. 19세기에는 세균성 질병이 만연해 폐렴, 결핵, 디프테리아, 장티푸스 등이 최고 사망원인이었다.

### 지식 충전소

병에 걸려 죽지 않는다고 해도 인간은 결국 노화하여 죽게 된다. 노화는 염색체 끝에 있는 보호캡이 쇠퇴하면서 일어난다. 2010년 미국의 하버드대학 연구원들은 이 보호캡을 조종하여 늙은 쥐를 젊게 만드는 실험에 성공했다.

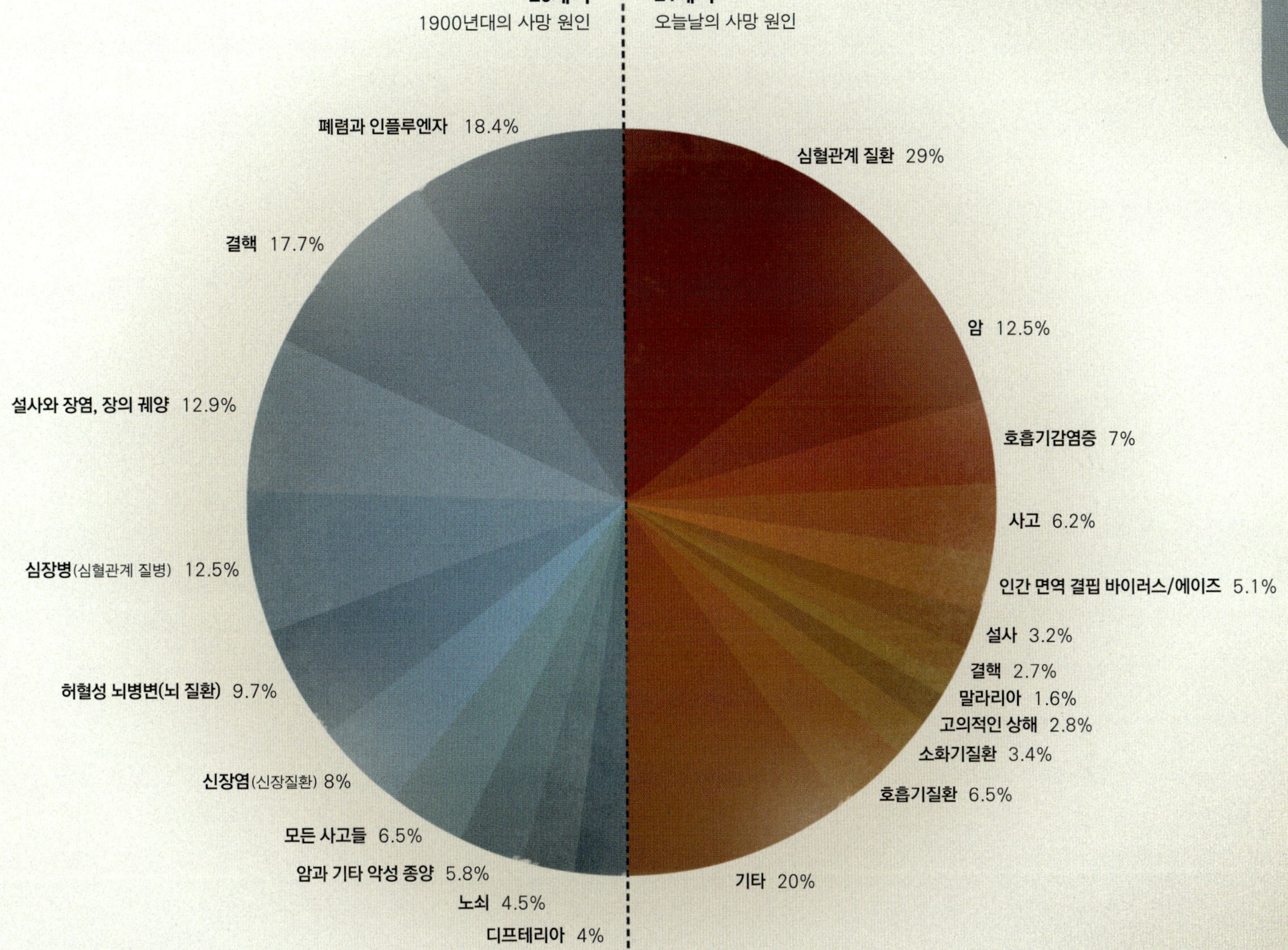
20세기
1900년대의 사망 원인
21세기
오늘날의 사망 원인
폐렴과 인플루엔자  18.4%
심혈관계 질환  29%
결핵  17.7%
암  12.5%
설사와 장염, 장의 궤양  12.9%
호흡기감염증  7%
심장병(심혈관계 질병)  12.5%
사고  6.2%
인간 면역 결핍 바이러스/에이즈  5.1%
허혈성 뇌병변(뇌 질환)  9.7%
설사  3.2%
결핵  2.7%
말라리아  1.6%
고의적인 상해  2.8%
소화기질환  3.4%
신장염(신장질환)  8%
호흡기질환  6.5%
모든 사고들  6.5%
암과 기타 악성 종양  5.8%
노쇠  4.5%
기타  20%
디프테리아  4%

 **속도의 속력**

　　픽션 상의 슈퍼 히어로인 슈퍼맨은 총알보다 빠른 속력으로 움직일 수 있다. 이것이 사실이라면 굉장히 빠른 속도라고 할 수 있다. 하지만 **빛보다 더 빠른 것은 없다**. 17세기 중반까지 오랫동안 대부분의 사람들은 빛이 순간적으로 이동한다고 생각했다.

　　1676년 덴마크의 천문학자 올레 뢰머Ole Romer(1644~1710)는 빛이 **일정 속도**로 이동한다는 것을 최초로 발견한 사람이다. 목성의 월식을 관찰하던 그는 지구가 목성에 가까워질 때 월식이 더 빨리 일어난다는 사실을 발견했다. 이 현상을 제대로 설명할 수 있는 유일한 이론은 빛이 목성보다 지구에 도달할 때 시간이 덜 걸린다는 것이었고, 따라서 빛이 순간적으로 이동하는 것은 불가능했다.

　　한 가지 주목할 중요한 점은 **빛은 속도가 끊어지지 않는다**는 것이다. 집에 있는 냉장고의 빛이든 가장 비싼 레이저 무기이든 재료에 상관없이 빛의 속도는 동일하다. 빛의 속도의 불변성과 신속함은 지구에서 어마어마하게 멀리 떨어져 있는 물체를 측정하는 데 유용하다. 일반적인 과학 실습에서는 우주에서의 공간을 킬로미터로 재지 않고, 측정하는 물체에 빛이 도달하는 데 몇 년이 걸리는지로 말한다. 그것을 **광년**이라고 한다.

　　빛의 속도는 $c$(광속도)로 나타내는데 이것은 **아인슈타인의 일반상대성이론의 공식**에서 필수적인 구성 요소이다.

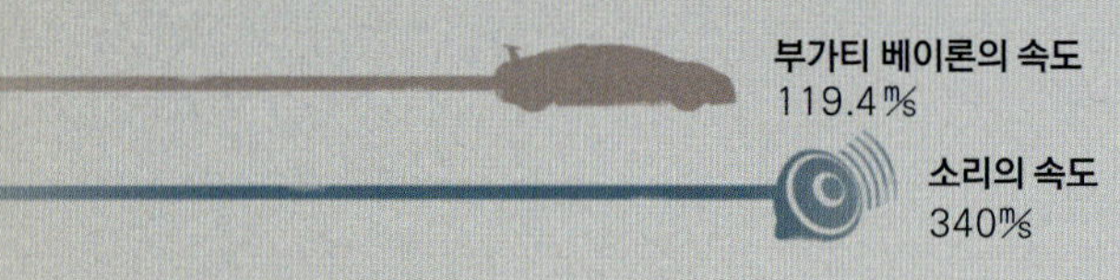

### 지식 충전소

빛은 시속 1080만 km의 속도로 이동한다. 이 속도는 우리 인간에게 극히 찰나처럼 느껴질 것이다. 빛은 우주 공간에서 더 빠르다. 만약 당신이 화성에 있는 우주비행사와 무선신호로 대화할 기회가 생긴다면, 빛의 속도로 움직이는 무선신호가 지구에 도착하기까지는 42분이 걸릴 것이다.

**빛의 속도**
299,792,458㎧

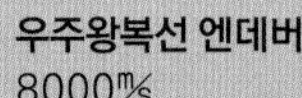

**우주왕복선 엔데버**
8000㎧

1초

## 07.12 과학과 의학의 전성시대

현대를 살고 있는 우리의 일상을 살펴보면 인류가 독립적으로 사고할 수 있게 된 이래 전 세계의 과학과 의학에서 이룬 **눈부신 진보**를 확인할 수 있다. 이와 같은 획기적인 업적과 발전이 특정한 과학자, 수학자, 의사 등에 의해 어느날 갑자기 발견된 것은 아니다. 각 분야에서 수많은 이들이 쌓아 올린 업적을 통해서 최고의 발견을 이룬 것뿐이다.

한 분야의 새로운 발견이 다른 분야를 더 쉽게 발전시킨다는 것은 의심할 여지가 없다. 이는 인류의 역사에서 **기하급수적인 발전**을 이룬 것으로 설명이 가능하다. 이것은 1202년 피사의 레오나르도가 설명한 **피보나치 수열**로 비유할 수 있다.

**기원전 580년**
피타고라스(Pythagoras, 기원전 580 ~기원전 500)가 그리스의 사머스 섬에서 태어나다.

**1749년**
면역학의 아버지 에드워드 제너(Edward Jenner, 1749~1823)가 글로스터셔 주의 버클리에서 태어나다.

**1804년**
일본인 외과의사 하나오카 세이슈(華岡靑洲, 1760~1835)가 마취약을 사용하여 최초로 전신마취 외과수술을 하다.

**기원전 460년**
의학의 아버지 히포크라테스(Hippocrates, 기원전 460?~기원전 377?)가 그리스의 코스 섬에서 태어나다.

**1202년**
피사의 레오나르도(Leonardo)가 피보나치수열을 가정하다.

**1543년**
폴란드 천문학자 니콜라스 코페르니쿠스(Nicolaus Copernicus, 1473~1543)가 태양을 중심으로 하는 지동설을 제안하다.

**1687년**
아이작 뉴턴이 《자연철학의 수학적 원리 *Philosophiae Naturalis Principia Mathematica*》를 출간하다.

**1802년**
영국인 과학자 존 돌턴(John Dalton, 1766~1844)이 원자를 발견하다.

**1821년**
영국의 수학자이자 발명가
찰스 배비지(Charles Babbage, 1792~1871)가
최초로 컴퓨터-미분기를 설계하다

**1859년**
찰스 다윈(Charles Darwin, 1809~1882)이
《종의 기원》을 출간하다.

**1895년**
마르코니(Marconi, 1874~1937)가
1.6km 거리에 최초로 무선신호를 보내다.

**1945년**
최초의 핵폭발 실험이 뉴멕시코에서 실시되다.

**1953년**
크릭과 왓슨이 DNA모델을 발견하다.

**1961년**
러시아 우주비행사 유리 가가린(Yuri Gagarin,
1934~1968)이 최초의 우주인이 되다.

**1990년**
허블우주망원경을 발사하다.

---

**1818년**
영국 런던에서 제임스 브룬델(James Blundell, 1790~1877)이
최초로 수혈에 성공하다.

**1842년**
미국인 외과 의사 크로포드 롱(Crawford Long, 1815~1878)이
최초로 에테르를 마취약으로 사용하여 수술하다.

**1850년대~1860년대**
프랑스의 루이 파스퇴르(Louis Pasteur, 1822~1895)와
독일의 로버트 코흐(Robert Koch, 1843~1910)가
질병 이론 연구 기관을 세우다.

**1860년**
플로렌스 나이팅게일(Florence Nightingale, 1820~1910)이
간호사 훈련 학교를 설립하다.

**1897년**
독일인 화학자 펠릭스 호프만(Felix Hoffmann, 1911~1975)이
특효약 아스피린을 개발하다.

**1928년**
스코틀랜드 생물학자 알렉산더 플레밍이
페니실린을 발견하다.

**1967년**
남아프리카 심장전문 외과의사 크리스티앙 바너드
(Christiaan Barnard, 1922~2001) 박사가
최초로 심장 이식 수술에 성공하다.

**1983년**
HIV(에이즈 바이러스)가 확인되다.

**2010년**
스페인에서 최초로 안면 전체 이식 수술이 이루어지다.

---

지식 충전소

1, 1, 2, 3, 5, 8, 13, 21, 34, 55, 89, …등 피보나치 수열은 수학적 구조임에도
불구하고 자연세계에서도 찾아볼 수 있다. 달팽이의 나선껍질, 해바라기 씨가 박힌
모양 등이 이에 대한 좋은 예이다.

# 제8장

# 테크놀로지와 통신수단

 **진보하는 과학**

　인간과 다른 동물을 구별짓는 것 중 하나는 인간의 발명 능력이다. 발명은 오랜 시간에 걸친 우리 뇌의 **진화와 발달**의 산물이기도 하지만, 우리 인간이 결코 만족할 줄 모른다는 데에서 비롯된 결과이기도 하다.

　흔히 현대사회의 **혁신적인 가전제품**을 언급할 때 '식빵 이래 가장 뛰어난 발명품'이라는 표현을 쓴다. 식빵, 좀 더 정확히 말하자면 빵 덩어리를 얇게 잘라 코팅종이로 싸는 기계는 1928년에 발명되었다. 이 기계의 발명으로 사람들은 쉽게 '한 조각만 더' 먹을 수 있었기 때문에 빵 소비량이 엄청나게 증가하는 결과가 나타났다. 이 발명이 처음 연구 목적 대신 뜻밖의 발견이나 창조로 이어진 유일한 예는 아니었다. **인류 최초의 가장 위대한 발견**은 불이었다. 처음에 몸을 따뜻하게 하기 위해 쓰이던 불은 고기를 구워 음식을 만드는 데 쓰이기 시작하면서 뜻밖에도 인류의 진화에 박차를 가하는 도미노 효과를 가져왔다.

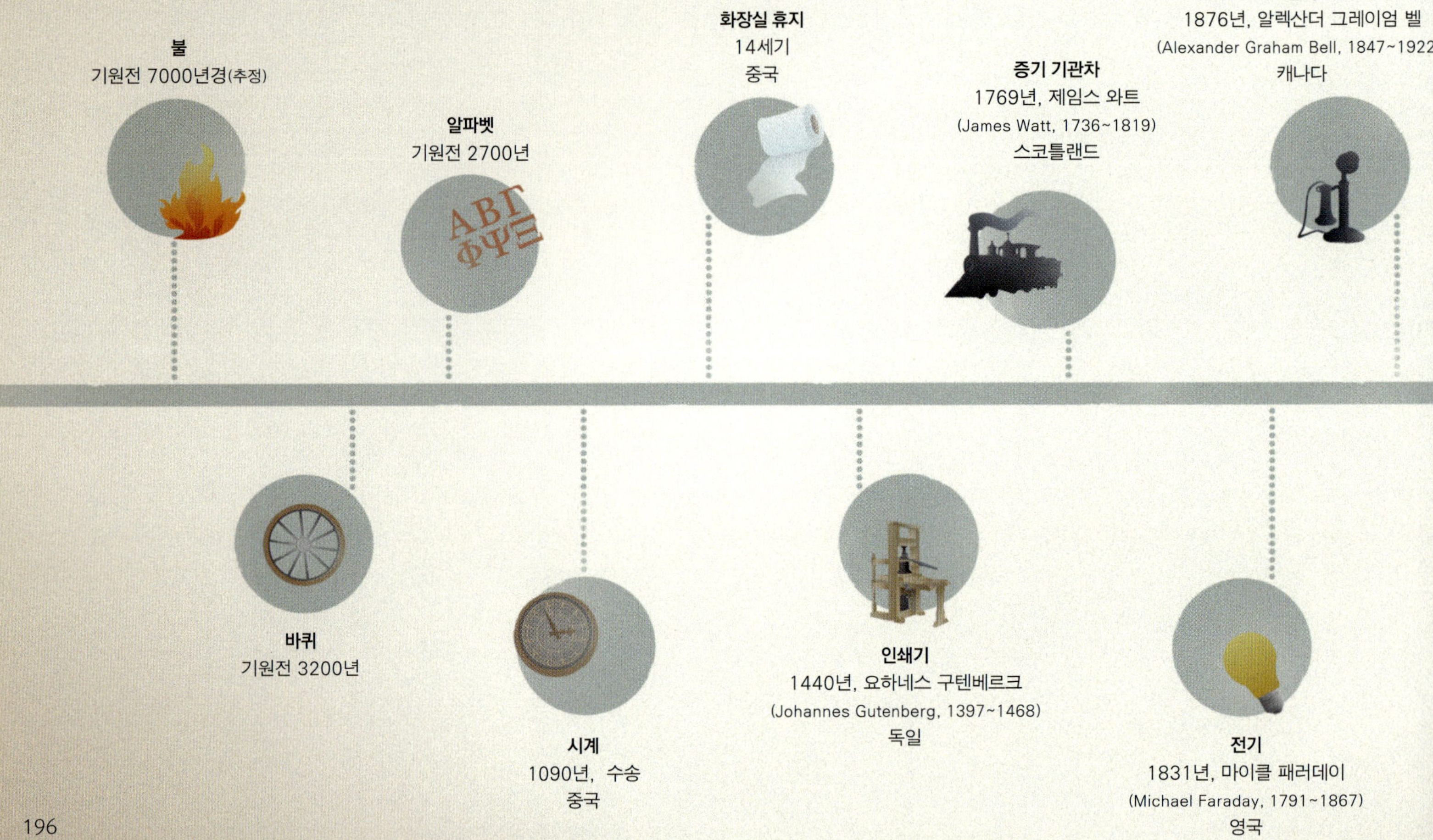

'연대순으로 일어난 간단한 사건을 도표로 나타낸다'는 발상의 연대표는 스위스의
수학자 레온하르트 오일러Leonhard Euler(1707~1783)가 발명한 것이다.

**동력 비행**
1903년, 라이트 형제
(The Wright Brothers)
미국

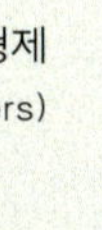

**텔레비전**
1925년, 존 로지 베어드
(John Logie Baird, 1888~1946)
스코틀랜드

**컴퓨터**
1936년, 앨런 튜링
(Alan Turing, 1912~1954)
영국

**월드와이드웹(인터넷)**
1989년, 팀 버너스 리
(Tim Berners-Lee, 1955~)
영국

**자동차**
1889년, 고트리브 다임러
(Gottlieb Daimler, 1834~1900)
독일

**전기세탁기**
1906년경(논쟁 중)

**식빵 써는 기계**
1928년, 오토 프레드릭 로웨더
(Otto Frederick Rohwedder, 1880~1960)
미국

**휴대폰**
1973년, 마틴 쿠퍼
(Martin Cooper (모토롤라))
미국

# 운송수단의 진화

　바퀴는 기나긴 인간 역사 속 발명품 중에서도 가장 중요한 발명 또는 발견이었다. 인간이 호모 사피엔스로 진화하고 무언가를 만드는 능력을 갖게 된 이래 바퀴만큼이나 인간의 삶을 바꿔 놓은 발명이 없다는 것은 의심의 여지가 없다. 21세기에 접어든 우리의 평범한 일상에서 **바퀴에 대한 의존도**는 거의 절대적이라고 할 수 있다.

　원형을 띠고 있어 **부활과 재생산을 상징하는 바퀴**는 그 자체로 강력한 힘을 가진 메타포였다. 바퀴가 물자수송과 소유, 그리고 지구를 정복할 수 있는 동력을 제공했기 때문에 인간은 살아남아 번성할 수 있었다.

　통나무 또는 나무 밑동을 수백 개 엮어서 만든 최초의 바퀴는 사실상 지금과 같은 형태의 바퀴 모양이 아니었다. 통나무들을 깔고 물체를 그 위에 올리면 아주 무거운 물체의 운반도 가능했다. 이것이 점점 발전해 나무의 얇은 단면이나 조각을 이용하게 되면서 최초의 바퀴가 등장했다. 바퀴 중심에 차축을 추가하자 저절로 움직일 수 있게 된 것이다. 약 3000년 전으로 추정되는 이때가 사실상 바퀴의 마지막 발달 단계였다.

**기원전 4000년경**
통나무를 연결하여 굴렸다. 이집트인들은 이런 식으로 돌을 운반하여 거대한 피라미드를 세웠다.

**기원전 3807년경**
유럽 최초의 목재로 만든 오솔길 스윗 트랙이 영국의 글래스톤버리에 만들어졌다.

**기원전 3500년경**
나무로 만든 노와 뗏목이 처음 사용되었다.

**기원전 3200년경**
차축이 있는 바퀴가 처음 만들어졌다.

**기원전 3000년경**
메소포타미아 전쟁에서 마차가 등장하다.

**기원전 2000년경**
마차를 끄도록 말을 훈련시키다.

**기원전 312년**
로마에서 최초로 포장도로를 깔다. 이 도로를 아피아가도라고 한다.

**기원전 181~234년**
외바퀴 손수레가 발명되다.

**700년**
삼각돛이 발명되다. 이집트로 추정된다.

**770년**
말의 운반능력을 향상시키기 위해 편자가 개발되다.

**852년**
초기 낙하산 형태가 발명되다.

**1266년**
중국에서 나침반이 최초로 등장하다.

**1662년**
프랑스의 블레즈 파스칼(Blaise Pascal, 1623~1662)이 4륜마차를 발명하다.

**1801년**
리처드 트레비식(Richard Trevithick, 1771~1833)이 증기기관차를 고안하다.

### 지식 충전소

최초의 열기구는 1783년 9월 19일에 프랑스의 과학자 장 프랑수아 필라트르 드 로지에 <sup>Jean Francois Pilatre de Rozier</sup>(1754~1785)가 띄운 것이다. 이 열기구에 처음 탄 승객은 어린 수탉과 오리, 양이었다. 최초로 사람을 태운 열기구는 1783년 11월 21일 조제프 몽골티에와 에티엥 몽골티에 형제를 태우고 파리 중심에서 이륙한 것이다. 이들은 동물승객보다 5분이 더 긴 20분 동안 하늘을 날았다.

**1817년**
독일의 칼 드라이스(Baron Karl von Drais, 1785~1851)가 드레지엔이라는 자전거를 발명하다.

**1825년**
영국의 동북부에서 스탁튼 앤 다링튼 철도가 최초의 공공 철도를 개통하다.

**1867년**
모터사이클이 발명되다.

**1870년대**
제임스 스탈리(James Starley, 1831~1991)가 페니파딩(앞바퀴는 크고 뒷바퀴는 작은 초창기의 자전거)을 발명하다.

**1885년**
존 스탈리(John Kemp Starley, 1854~1901)가 안전한 체인이 자전거를 발명하다.

**1885년**
칼 벤츠(Karl Benz, 1844~1929)가 세계 최초로 실용성 있는 자동차를 제작하다.

**1888년**
존 보이드 던롭(John Boyd Dunlop, 1840~1921)이 최초의 공기 타이어를 제작하다.

**1903년**
오빌 라이트(Orville Wright, 1871~1948)와 윌버 라이트(Wilbur Wright, 1867~1912) 형제가 최초로 동력비행에 성공하다.

**1919년**
런던에서 파리로 가는 최초 항공편이 운항되다

**1947년**
미국의 척 예거(Chuck Yeager, 1923~)는 최초로 초음속 비행에 성공하여 유명해졌다.

**1964년**
일본에서 초고속 열차가 발명되다.

**1969년**
최초의 유인우주선이 달에 착륙하다.

**1970년**
최초의 점보제트기가 하늘을 날다.

**1981년**
NASA에서 첫 번째 우주왕복선을 쏘아올리다.

**2001년**
두 바퀴로 가는 1인용 세그웨이가 등장하다.

 **인쇄의 역사**

초기의 인쇄는 나무에 이미지를 조각한 후 잉크를 칠해 종이에 옮기는 방식이었다. 이 방법은 무엇을 인쇄하든 반대로 새겨야 했기 때문에 시간이 매우 오래 걸리고 과정이 복잡했다.

인쇄기술은 **인쇄기**라고 하는 알파벳 글자의 각 블록 생산과 이것을 배치하는 프레임의 구조와 더불어 비약적으로 발전했다. 15세기 중반에 요하네스 구텐베르크가 인쇄기를 발명한 이래 인쇄기술은 놀랍도록 향상되었지만, 모든 것을 컴퓨터로 한다는 것을 제외하고 오늘날 인쇄공정의 필수요소는 거의 변한 것이 없다.

인쇄기술의 발전은 **정보와 사상의 보급**에 있어 중요한 요소였다. 하지만 독재정권 하에서는 다양한 지식과 이념, 비판이 인쇄된 책은 당대의 통치 이념에 불리했고(그래서 그들은 언론의 자유를 장려하지 않는다), 인쇄된 글을 통해서 얻은 표현의 자유는 위험한 무기가 될 수 있었다. 펜이 칼보다 강하다는 말이 사실이라고 한다면, **인쇄가 펜보다 강하다**는 말도 부정할 수는 없을 것이다.

### 인쇄법

**1041년**
최초의 인쇄물은 목판을 깎아 잉크를 칠한 후 글자나 그림을 종이에 찍었다. 중국.

**1241년**
한국은 금속활자를 이용하여 활자본을 만들었다.

**1309년**
유럽에서 종이를 처음 만들었다.

**1338년**
프랑스에서 최초로 제지공장이 문을 열었다.

**1430년**
요판인쇄가 처음 쓰이다.

**1476년**
영국에서 윌리엄 캑스턴(William Caxton, 1422~1491)이 구텐베르크 인쇄법을 사용하다.

**1501년**
이탤릭체가 최초로 사용되다.

### 인쇄물

**868년**
금강경. 세계 최초의 활자본 또는 지금까지 발견된 가장 오래된 활자본.

**1543년**
《천구의 회전에 관하여 *Heavenly Spheres*》 코페르니쿠스의 출판 저서.

**1570년**
《Beware the Cat》 윌리엄 볼드윈(William Baldwin)이 쓴 최초의 영어 소설.

**1605년**
〈Relation〉 요한 카롤루스(Johan Carolus)가 스트라스부르크에서 발행한 최초의 뉴스 주간지.

**1611년**
킹 제임스 성경 출판.

지식 충전소

루이 브라유Louise Braille(1809~1852)가 고안한 여섯 개의 점으로 쓰인 점자는 프랑스의 육군 장교 샤를 바르비에Charles Barbier(1767~1841)가 밤에도 읽을 수 있도록 발명한 야간문자에서 발전시킨 것이다. 이 암호는 전장에서 불빛이 없는 밤에도 읽을 수 있도록 군사 메시지를 보내는 데 사용되었다.

**1796년**
석판화
제네펠더(Alois Senefelder, 1771~1834)가 발명한 돌이나 금속판을 이용한 인쇄 방법.

**1824년**
프랑스의 루이 브라유가 15살의 나이에 여섯 개의 점으로 이루어진 점자를 발명했다. 그의 이름을 따서 이 점자를 브라유 점자라고 한다.

**1903년**
미국인 워싱턴 루벨(Ira Washington Rubel)이 우연히 옵셋 인쇄를 발명하다. 인쇄기에 종이 넣는 것을 깜빡 잊고 고무 실린더에 잉크를 묻혔더니 종이를 끼우자 이미지가 선명하게 찍힌 것이다.

**1927년**
국제도서관협회연맹(The International Federation of Library Associations and Institutions)이 설립되어 출판된 책의 목록을 감독하다.

**1932년**
독일의 알바트로스 문고에서 최초로 대중을 위한 서적을 만들다.

**1995년**
웹사이트 아마존에서 책을 팔기 시작하다.

**1998년**
최초의 전자책 리더기 타입의 소프트북이 배포되다

**2007년**
아마존에서 최초로 차세대 디지털 전자책 리더기 킨들을 배포하다.

**2011년**
앞으로 책의 미래는 어떻게 될까?

---

**1623년**
《제1 이절판First Folio》
윌리엄 셰익스피어(William Shakespeare, 1564~1616)의 첫 번째 희곡 전집. 이것이 없었다면 오늘날의 셰익스피어는 존재하지 않았을 것이다.

**1755년**
최초로 사전 편찬.
새무얼 존슨(Samuel Johnson, 1709~1784).

**1785년**
《타임즈The Times》가
처음에는 《데일리 유니버설 레지스터Daily Universal Register》라는 이름으로 출간됨. 세계에서 가장 오래된 전국신문이다.

**1920년(미국), 1921년(영국)**
《스타일즈 저택의 죽음The Mysterious Affair at Styles》
아가서 크리스티(Agatha Christie, 1890~1976)의 첫 출판 소설.

**1925년**
《나의 투쟁》
아돌프 히틀러의 전기

**1960년**
《앵무새 죽이기To Kill a Mockingbird》
하퍼 리(Harper Lee, 1926~). 역대 최고의 소설 중 하나로 꼽힌다.

**1988년**
《시간의 역사A Brief History of Time》
(한국에 번역된 제목은 《양자역학으로 본 우주》)
스티븐 호킹(Stephen Hawking, 1942~). 우주의 역사에 관해 저술된 책 중 가장 중요하고 인기 있는 책이다.

**1997년**
《해리포터와 현자의 돌》
조앤 K. 롤링.
초판 인쇄부수는 500부에 불과했다

**2005년**
《용 문신을 한 소녀The Girl with the Dragon Tattoo》
(한국에서는 《밀레니엄: 여자를 증오한 남자들》로 출간됨)
스티그 라르손(Stieg Larsson, 1954~2004).
십 년 동안 출간된 책들 중 꼭 읽어야 할 책

## 08.04 커뮤니케이션의 역사

전 시대를 통해 살아남은 유물이 한정적이기 때문에 고대의 커뮤니케이션의 역사를 논하기란 어려운 일이다. 우리는 **동굴벽화**를 통해서, 비언어적 커뮤니케이션이 어떻게 발달해왔는지는 확실하게 추정할 수 있지만 다른 형태의 커뮤니케이션에 대한 연구는 남아 있는 것이 없어 불가능하다. 그래서 확신할 수는 없지만 일부 연구자들은 매듭끈 조각처럼 단순한 뭔가를 이용해 정보가 전승되었을 것으로 보고 있다.

커뮤니케이션과 그 진화는 **구두 언어와 시각 언어**로 나눌 수 있다. 전자는 경고나 내지르는 소리 등 기본적으로 동물이 내는 소리에서 발전한 것이다. 인간이 두 발로 걷기 시작하면서 성도의 형태가 변화했고 후두음을 표현하게 되면서 원시사회를 뛰어넘을 수 있었다.

**시각 언어**는 구두 언어와 별개로 독립된 것처럼 보이지만, 기본적으로 말의 한계 때문에 발전했을 가능성이 크다. 문자가 발명되기 전에는 뭔가를 설명하거나 기록을 남기기 위해서 그림이 이용되었을 것이다. 하지만 아이러니하게도 일단 언어가 만들어지자 시각적 언어의 상당수는 언어를 묘사하는 상징으로 쓰이고 있다.

오늘날 한주간의 탑뉴스를 실은 신문에는 18세기의 서민들이 평생 동안 배운 것보다 평균적으로 더 많은 정보가 담겨 있다고 한다.

---

### 지식 충전소

락트-인 증후군에 걸린 환자는 의식이 있지만 거의 모든 수의근이 완전히 마비되어 움직이거나 말로 의사를 표현하지 못하는 상태이다. 갑자기 쓰러져 락트 인 증후군에 걸렸던 프랑스의 잡지 편집자 장 도미니크 보비<sup>Jean-Dominique Bauby</sup>(1952~1997)는 유일하게 움직일 수 있는 왼쪽 눈을 깜빡여서 자서전 《잠수종과 나비<sup>The Diving Bell and the Butterfly</sup>》(우리나라에서는 《잠수복과 나비》로 출간됨)을 썼다.

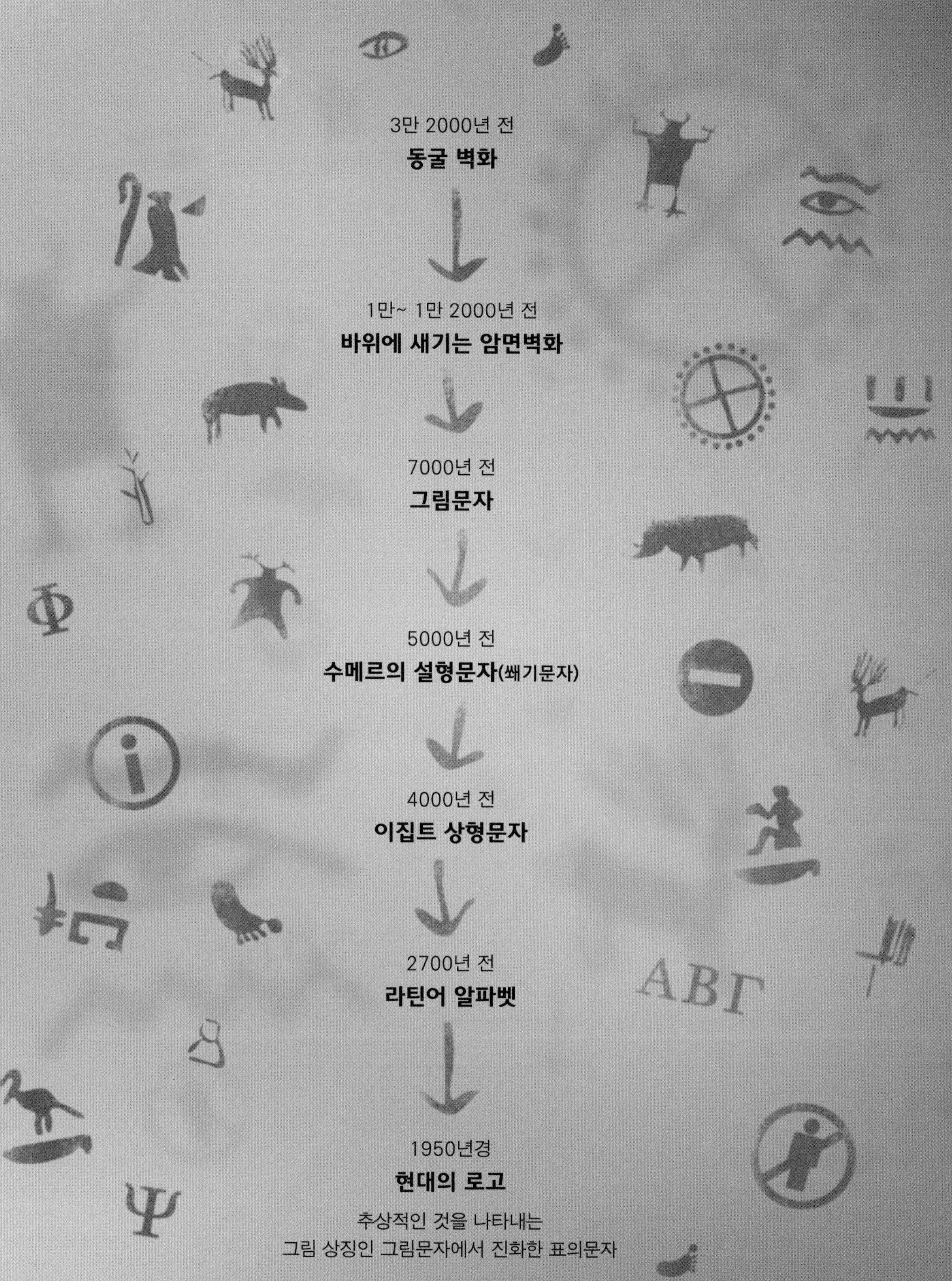
3만 2000년 전
동굴 벽화

1만~ 1만 2000년 전
바위에 새기는 암면벽화

7000년 전
그림문자

5000년 전
수메르의 설형문자(쐐기문자)

4000년 전
이집트 상형문자

2700년 전
라틴어 알파벳

1950년경
현대의 로고

추상적인 것을 나타내는
그림 상징인 그림문자에서 진화한 표의문자

 # 전화의 작동원리

지난 60년 동안 전화기와 모바일 전화기는 미학적으로 드라마틱하게 변화했지만, 전화기가 작동하는 기본적인 기술 원리는 변하지 않았다.

전화는 **음파**를 **전류**로 변환시켜 선으로 보낸 다음 다시 음파로 바꾸는 과정을 거쳐 작동된다.

캔으로 소리를 전달하는 원리는 다음과 같다. 한쪽 끝에서 말을 하면 공기 속에서 만들어진 진동이 다른 쪽 끝에 있는 캔을 진동시킨다. 이 미세진동은 같은 방식으로 진동을 일으켜서 줄을 타고 다른 쪽 끝에 있는 캔에 전달되기 때문에 이쪽에서 했던 말이 똑같은 음파로 만들어진다. 이때 팽팽한 줄을 사용하면 전송 상태가 훨씬 더 좋아진다.

이 아이디어를 응용해 캔의 한쪽 끝을 **진동판**과 **탄소입자**로 대체한 것이 전화기이다. 이쪽에서 말을 하면 **음파가 진동판으로 이동**하여 전기회로에 압력을 가한다. 진동판이 움직이면 회로의 전류에 변화가 생기고, 이 '전기신호'가 전화선으로 전달된다. '전기신호'가 전화선을 따라 수화기의 진동판이 울리면 송화기에서 반전이 일어나 전기신호는 다시 음파로 전환된다. 당신이 다이얼을 돌리고 누군가 그것을 받으면 사실상 **전기회로가 완료**된 것이다. 기본적으로 두 개의 캔과 끈을 연결해 만든 수제 전화와 차이가 없지만, 전화는 거의 무한대에 가까운 아주 먼 거리에서도 효율적으로 작동이 가능하다.

우리는 더 이상 사람들과 물리적인 끈으로 양쪽 끝이 연결되어 있지 않다. 기술은 크게 발전해왔지만 원리는 여전히 같다. 음파가 무선신호로 변환되면 이 무선신호가 수화기로 전달되고 이는 다시 음파로 변환되는 것이다.

**지식 충전소**

평균 18개월마다 전화수화기의 크기가 반으로 줄어들고 있다. 과학자들은 2017년 모바일폰의 디자인이 기술적으로 물리적 한계에 이를 것으로 예측하고 있다.

현대의 이동식 전화나 스마트폰은 생김새나 느낌
이 다이얼을 돌리는 초기의 회전식 전화와 상당히
다르게 보이지만, 대화에 참여하는 기술적인 부분
은 거의 비슷하다

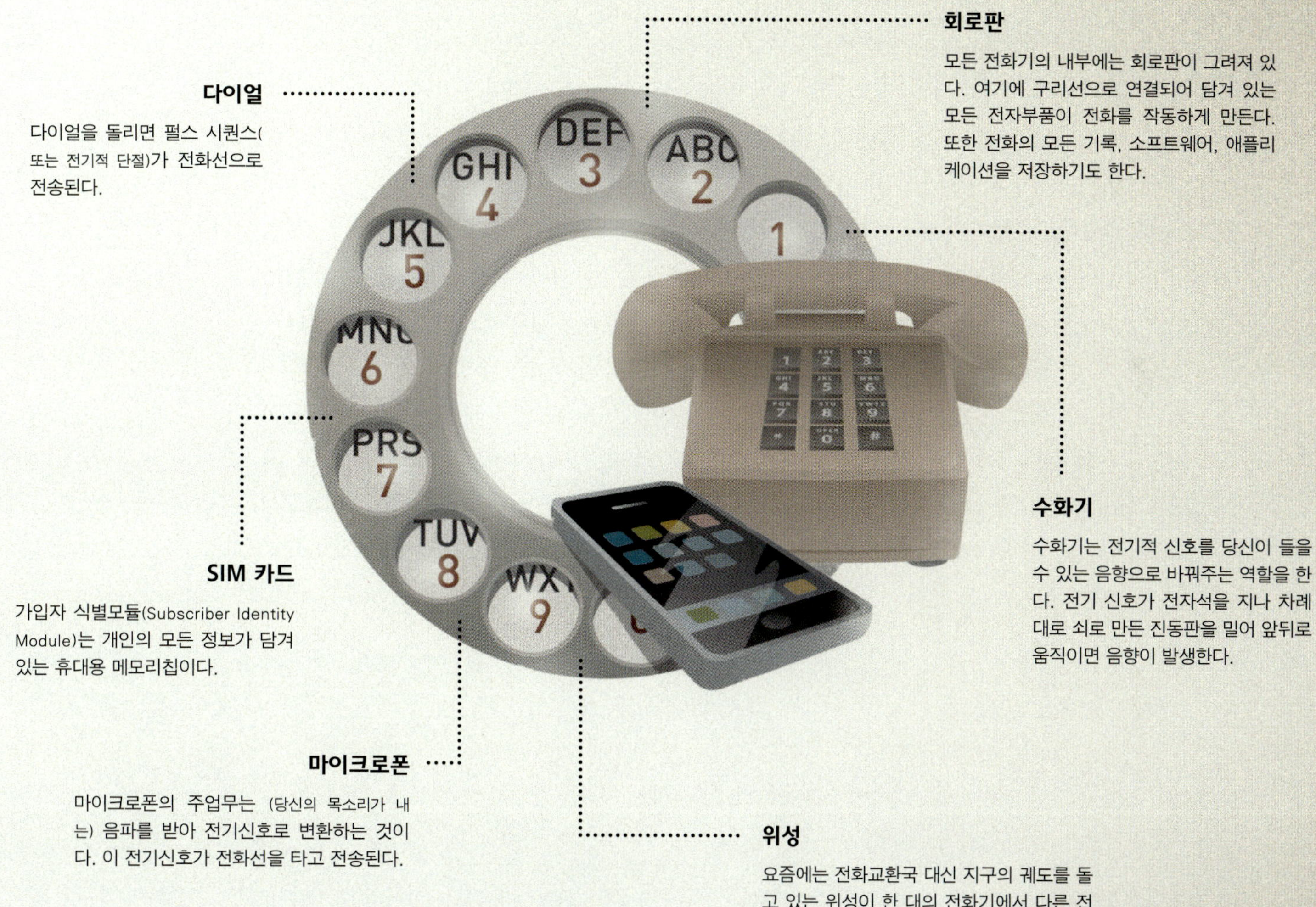


### 회로판

모든 전화기의 내부에는 회로판이 그려져 있
다. 여기에 구리선으로 연결되어 담겨 있는
모든 전자부품이 전화를 작동하게 만든다.
또한 전화의 모든 기록, 소프트웨어, 애플리
케이션을 저장하기도 한다.

### 다이얼

다이얼을 돌리면 펄스 시퀀스(
또는 전기적 단절)가 전화선으로
전송된다.

### 수화기

수화기는 전기적 신호를 당신이 들을
수 있는 음향으로 바꿔주는 역할을 한
다. 전기 신호가 전자석을 지나 차례
대로 쇠로 만든 진동판을 밀어 앞뒤로
움직이면 음향이 발생한다.

### SIM 카드

가입자 식별모듈(Subscriber Identity
Module)는 개인의 모든 정보가 담겨
있는 휴대용 메모리칩이다.

### 마이크로폰

마이크로폰의 주업무는 (당신의 목소리가 내
는) 음파를 받아 전기신호로 변환하는 것이
다. 이 전기신호가 전화선을 타고 전송된다.

### 위성

요즘에는 전화교환국 대신 지구의 궤도를 돌
고 있는 위성이 한 대의 전화기에서 다른 전
화기로 전기 신호를 보낸다. 기지국에서도
이것을 처리한다.

최초의 상업 문자는 1992년 12월에 발송되었다.
오늘날 하루에 주고받는 문자의 수는 지구 전체의
총인구를 넘어선다.

 # 궤도 속의 위성

1957년 10월 4일 세상이 달라졌다. 이 변화가 모든 사람에게 동시에 와 닿은 것은 아니었지만 위성 **스푸트니크**의 성공적인 발사와 터잡기의 결과는 엄청난 것이었다. 사실상 이 일은 1960년대 미국과 러시아 간의 **우주경쟁**의 도화선이 되어 최초의 달 착륙으로 이어졌고, 우리의 커뮤니케이션이나 삶의 방식을 완전히 바꾸어버렸다. 또한 세계를 훨씬 더 작게 만들었다.

소련의 책임자였던 세르게이 코로레프$^{Sergei Korolev}$(1907~1965)가 디자인한 지구 궤도 위성 스푸트니크는 지름 58㎝의 비치볼 정도의 크기였다. 스푸트니크는 배터리가 떨어질 때까지 23일 동안 지구에 간단한 신호음을 보내, 머리 위로 반짝이는 구체가 지나가면 전 세계 어디에서나 이 '신호음'을 찾을 수 있었다. 스푸트니크는 96분 12초마다 지구 궤도 한 바퀴를 돌았으며, 1958년 1월 4일 대기권에 재진입하면서 불에 타 소멸할 때까지 지구 궤도를 도는 임무를 수행했다.

스푸트니크 1호가 대기권으로 발사되어 우리 머리 위를 날았던 이후 지금까지 7,000여 대의 위성(**저지구 궤도**와 **정지 궤도** 모두)이 발사되었다. 이 중 3,000여 대의 위성은 지구의 궤도를 돌면서 데이터를 중계하고 지구를 관측한다. 이들 위성은 주로 날씨 관측, 통신, 과학적 조사, 내비게이션, 지구 관측과 군사 감시 등의 활동을 한다. 우리가 지금 어디에 있든 무엇을 하고 있든, 누군가 어디에선가는 우리를 보거나 들을 수 있다. 따라서 휴대폰을 이용하고 차안에서 내비게이션을 사용하고 텔레비전으로 스포츠경기를 시청하고 있을 때도 우리는 결코 혼자가 아니다.

**지식 충전소**

1957년 11월 7일 소련은 후임인 스푸트니크 2호를 발사했다. 스푸트니크 2호는 스푸트니크 1호보다 크기가 좀 더 크고, 최초로 대기 밖까지 살아 있는 동물을 실어 보낸 위성이었다. 전해지는 바에 의하면 모스크바 길거리에서 유기견으로 발견된 라이카(개의 품종)였다고 하는데 이름은 알려지지 않았다.

# 위성은 어디에 이용될까?

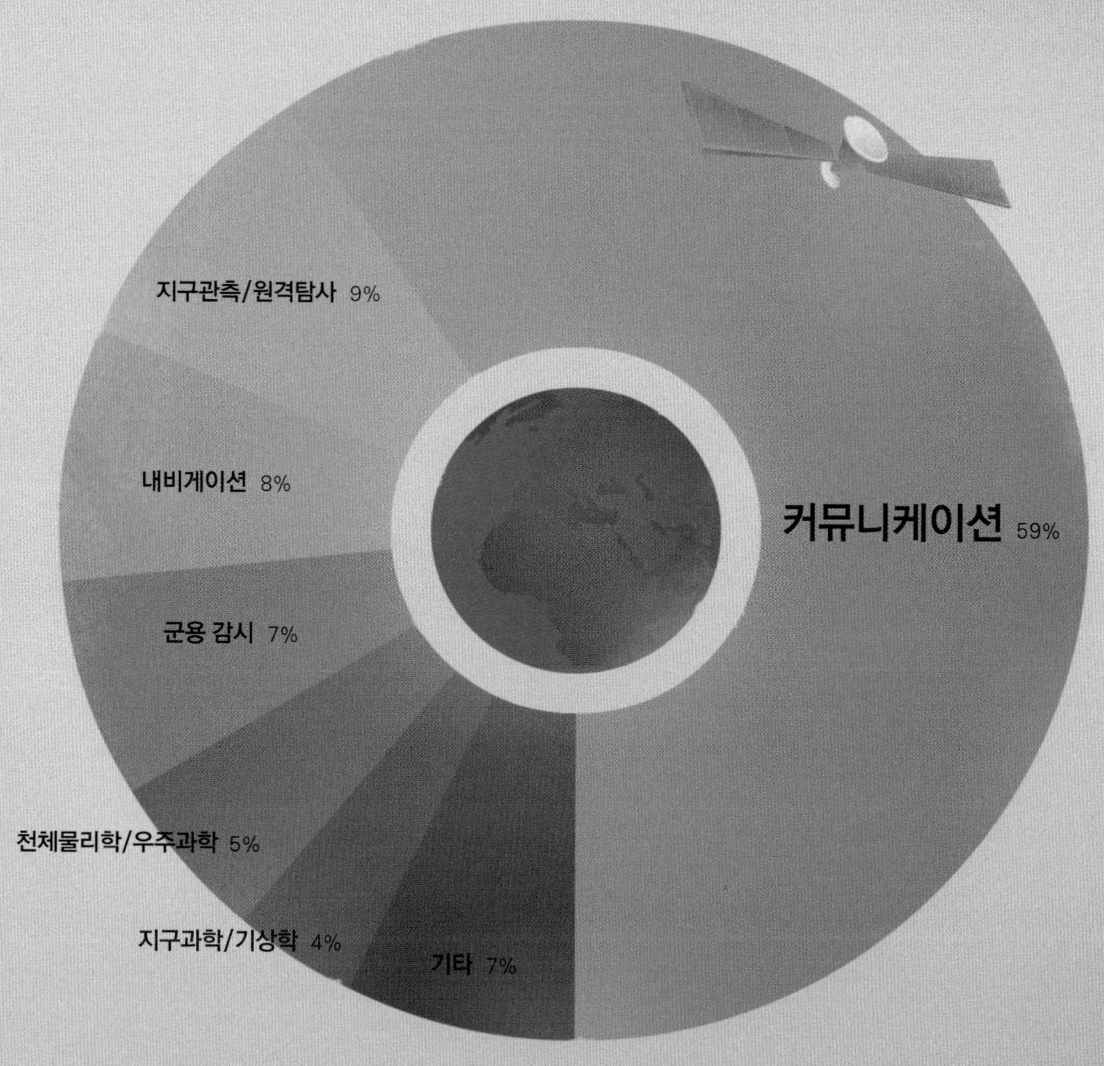


모든 수치는 2010년 UCS 위성 자료에서 인용했다.

 **퍼스널 컴퓨터의 시대**

1950년, **컴퓨터 과학자 앨런 튜링** Alan Turing(1912~1954)은 밀레니엄 시대가 되면 컴퓨터의 용량이 수십억 바이트가 될 것이라고 예견했다. 그 당시 이것은 말도 안 되는 의견이었다. 2011년 현재 세계에서 가장 인기 있는 32기가바이트짜리 스마트폰 용량은 메모리가 약 **320억 바이트**이다.

마이크로칩의 발명으로 인해 컴퓨터는 무엇이든 할 수 있게 되었는데 크기는 줄어들고 속도는 증가했다. 컴퓨터가 할 수 있는 일에 한계란 거의 없었다. 1974년 인텔에서 만든 최초의 '리얼' 프로세서(컴퓨터를 가동시키는 마이크로칩) 8080의 트랜지스터 수는 2,500개였다. 2004년 인텔2의 트랜지스터 수는 5억 9200만 개였다.

1초당 100만 개 단위의 명령어를 처리할 수 있는 연산속도를 뜻하는 **MIPS**(millions of instructions per second)는 단언컨대 **컴퓨터의 속도를 나타내는 가장 좋은 지표**로 최초의 퍼스널 컴퓨터가 발명된 이래 컴퓨터가 속도, 기능, 메모리 면에서 얼마나 뛰어난 능력을 가졌는지를 보여준다.

앨런 튜링이 꿈에 그리던 진정한 **인공지능**은 거의 결실을 맺어서 컴퓨터가 더 발달된 버전으로 스스로를 발명하게 되는 날이 머지않았다. 이로 인해 사이언스 픽션(공상과학소설)과 사이언스 팩트의 관계는 훨씬 더 밀접해질 것으로 보인다.

---

### 지식 충전소

고든 무어 Gordon E. Moore(1929~)는 전 세계에서 가장 큰 반도체칩 생산 회사인 인텔사의 창업자 중 한 사람이다. 1965년 그는 마이크로칩의 밀도가 1년에 2배씩 커질 것이라고 예측했다. 적어도 10년 동안 이 법칙은 성립되었으며, 1975년 그는 이 정책을 2년에 한 번씩으로 변경했다. '무어의 법칙'은 마이크로칩의 트랜지스터 수에서 디지털카메라의 픽셀 수에 이르기까지 모든 영역에서 하드웨어의 발전을 대상으로 것이다.

이 그래프는 지난 35년 동안 주요 PC칩의 MIPS(millions of instructions per second)로 퍼스널 컴퓨터의 속도와 발전을 나타낸 것이다.

인텔 8080  0.5
(1974) - 최초의 '리얼' PC칩.

모토롤라 68000  1
(1979) - 애플 맥 프로세서.

인텔 286  2.66
(1982) - MS-DOS 퍼스널 컴퓨터 칩.

인텔 386DX  11.4
(1985)

모토롤라 68040  44
(1990)

인텔 486DX  54
(1992) - 마우스의 상용화

모토롤라 68060  88
(1994) - 고급 다중접속 통신 시스템.

인텔 펜티엄 Pro  541
(1996) - PC게임의 서막.

인텔 펜티엄 III  1,354
(1999) - 하이퀄리티 그래픽.

AMD 애슬론  3,561
(2000) - 최초의 1GHz 속도의 PC칩.

인텔 펜티엄 4 익스트림  9,726
(2003) - 8080보다 2만 배나 더 빠르다.

IBM 크제논 트리플 코어  19,200
(2005) - Xbox 360을 이용하다.

인텔 코어 2 익스트림  59,455
(2008) - 64비트 멀티 코어 프로세싱.

인텔 코어 i7 익스트림  147,600
(2010) - 과연 다음은...?

 # 인터넷의 성장

1991년 말 이래 눈부신 성장을 보여주는 **월드와이드웹**의 탄생은 팀 버너스 리<sup>Tim Berners-Lee</sup>
(1955~) 덕분이었다. 현재 존재하는 웹페이지의 수는 250억 개 이상으로 추정되고 있으며 당신
이 이 문장을 읽는 동안에도 그 수는 계속 변하는 중이다. 이는 약 70억 명의 지구 인구가 한 사
람당 3페이지씩 갖고 있는 셈이다.

각 페이지는 A4 종이 규격 단위로 파일에 보관되어 있고, 파일 1개는 2,500㎞ 높이에 이른다.
이것은 글래스고(스코틀랜드의 도시)에서 로마까지의 드라이브 거리와 같다.

## 지식 충전소

최초의 웹페이지 주소는 다음과 같다.
http://www.w3.org/History/19921103-hypertext/hypertext/
WWW/TheProject.html
여기에는 그림이 없으며 1나노초(10억분의 1초)만에 다운로드받을 수 있다.

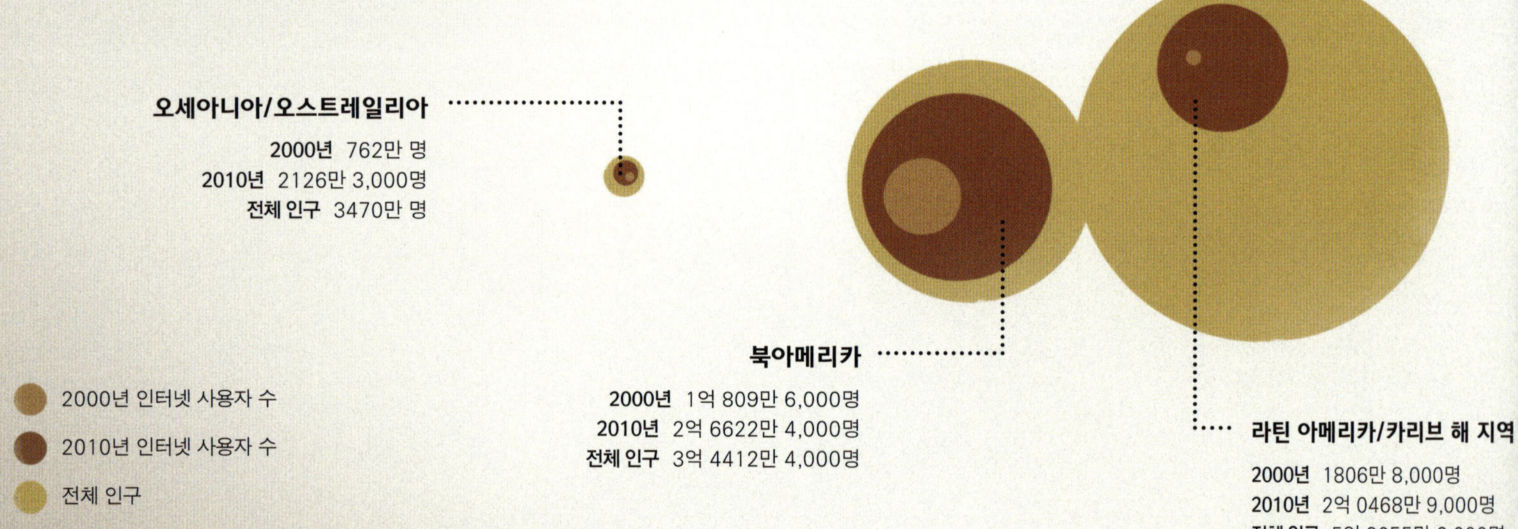

하루 평균 2100억 통의 이메일이 발송되며 그중에서 80%가 스팸메일로 추정된다.

사람들의 인터넷 접속 비율은 의심할 여지없이 늘어나고 있지만, 이 차트를 보면 인터넷에 접속할 줄 모르는 각 대륙의 인구 비율도 여전히 높은 것을 알 수 있다.

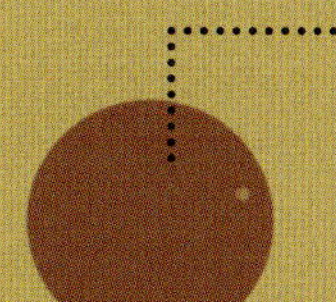

**아프리카**

**2000년**  451만 4,400명
**2010년**  1억 1093만 1,000명
**전체 인구**  10억 1377만 9,000명

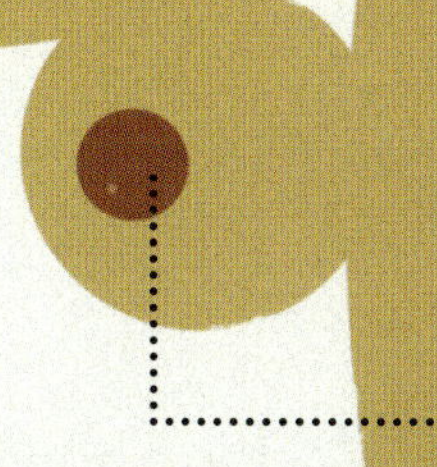

**아시아**

**2000년**  1억 1430만 4,000명
**2010년**  8억 2509만 4,000명
**전체 인구**  38억 3479만 2,000명

**중동**

**2000년**  328만 4,800명
**2010년**  6324만 명
**전체 인구**  2억 1233만 6,000명

2010년에 매달 구글을 통해 찾아보는 평균 검색 수는 310억에 이른다.

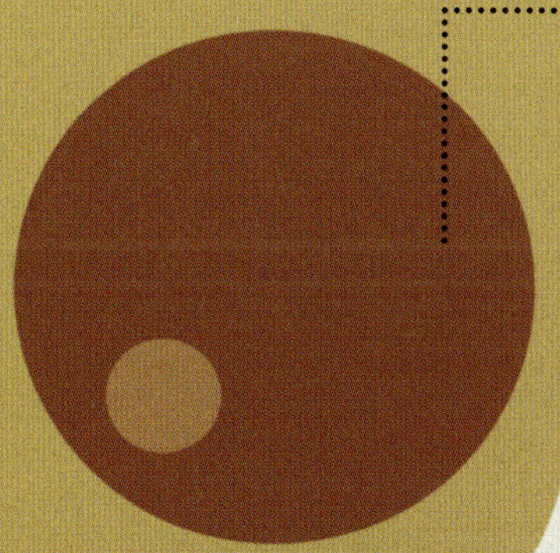

**유럽**

**2000년**  1억 509만 6,000명
**2010년**  4억 7506만 9,000명
**전체 인구**  8억 1331만 9,000명

5000만 명의 고객을 유치하기까지 인터넷은 4년밖에 걸리지 않았다. 13년이 걸린 텔레비전과 38년이 걸린 라디오와 비교하면 놀랍도록 짧은 시간이다.

 **소셜 네트워크의 세계**

학교에서 아무도 당신에게 말을 걸지 않는다 해도 소셜 네트워크 덕분에 당신은 쉽게 누군가와 접촉하고 친구를 만들 수 있다. 인터넷만 연결하면 누구든지 사이버상에 새로운 나를 만들 수 있고, 클릭 몇 번만 하면 접속을 원하지 않는 상대는 차단할 수 있다.

누구나 여섯 단계만 거치면 아는 사람이 나오기 때문에 모든 사람이 서로 연결되어 있다는 **6단계 분리 이론**은 **페이스북, 트위터, 마이스페이스** 같은 사이트에서 의심할 여지없이 증명되고 있다. 소셜 네트워크에서 활동하면 오랫동안 소식을 모르고 지내던 동창이 정확히 어디에 있는지뿐만 아니라 유명인이나 정치인, 그리고 지구에 사는 누구하고든 가장 친한 친구가 된 기분을 느낄 수 있다.

1995년에 개설된 **최초의 소셜 네트워크**인 www.classmates.com은 여전히 활발한 활동을 하고 있지만 다른 소셜 네트워크들이 이곳을 추월했고, 모든 소셜 네트워크 사이트는 페이스북이 집어삼키고 있다.

그런데 최근에 강타하고 있는 트위터는 다른 소셜 사이트들과는 약간 다른 점이 있다. 트위터에서는 유저들이 하고 싶은 말을 140자에 한해 그때그때 올릴 수 있다. 또 팔로어가 다른 팔로어를 양산하는 시스템이기 때문에 현재 믿을 수 없는 속도로 성장하고 있다.

---

**지식 충전소**

페이스북의 사용자들이 매달 페이스북에서 보내는 시간은 5조 분이 넘는다. 이것은 활동적인 유저의 사용시간이 하루 평균 46 분이라는 뜻이다.

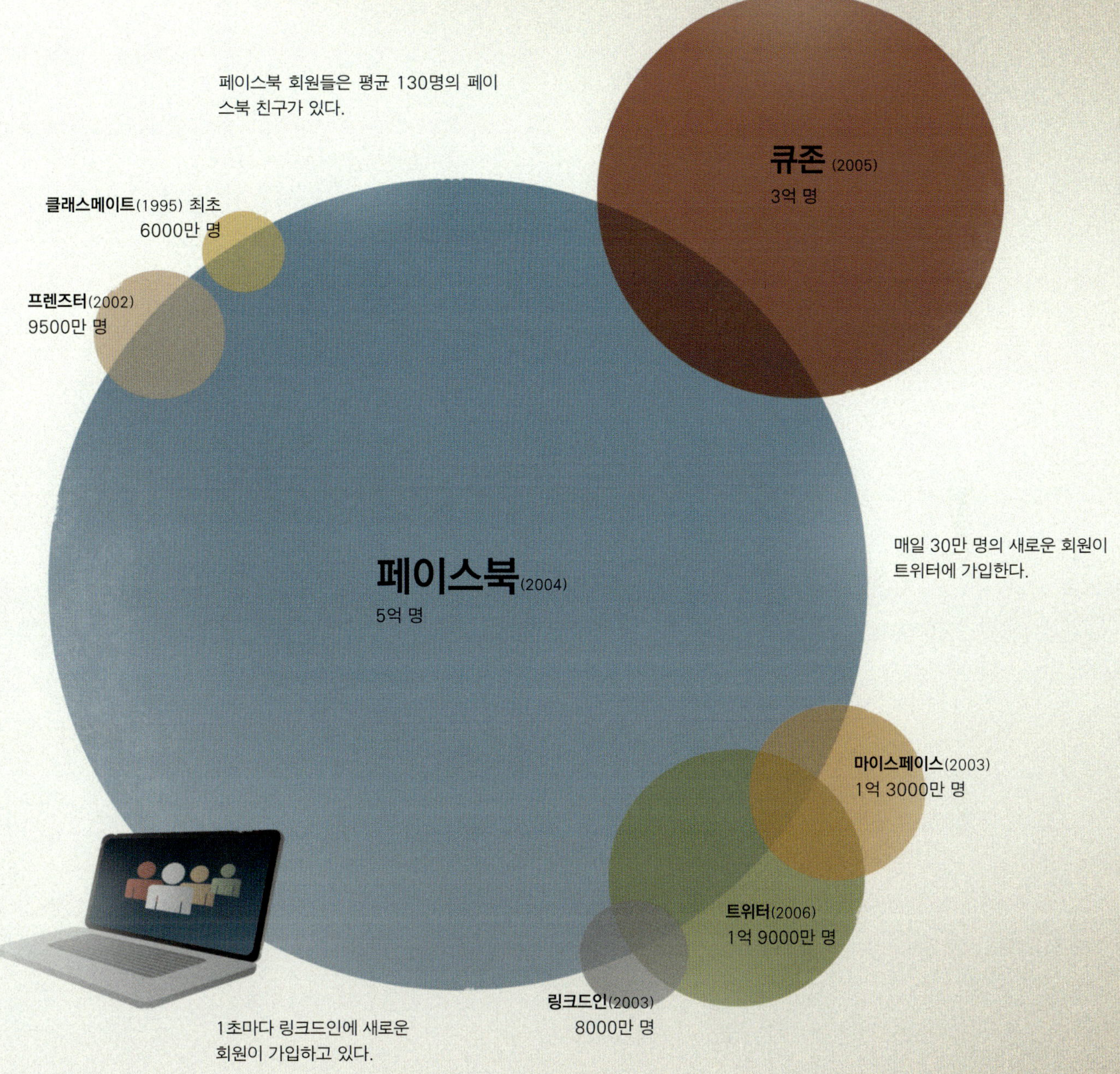
페이스북 회원들은 평균 130명의 페이스북 친구가 있다.
큐존 (2005)
3억 명
클래스메이트 (1995) 최초
6000만 명
프렌즈터 (2002)
9500만 명
페이스북 (2004)
5억 명
매일 30만 명의 새로운 회원이 트위터에 가입한다.
마이스페이스 (2003)
1억 3000만 명
트위터 (2006)
1억 9000만 명
링크드인 (2003)
8000만 명
1초마다 링크드인에 새로운 회원이 가입하고 있다.

 **우주여행**

1950년 4월, 영국의 거리에서는 온통 새로운 만화책이 화제였다.《미래에서 온 파일럿》은 댄 대어Dan Dare의 모험을 그린 연대기 형식의 만화로, 제2차 세계대전 때 독일 로켓을 목격했던 프 랭크 햄프슨Frank Hampson(1918~1985)이 탄생시킨 작품이다. 이 만화는 1995년을 배경으로 지 구의 자원이 고갈되면서 새로운 식량원을 찾기 위해 목숨을 걸고 금성으로 향한 최초의 항해 를 그린 픽션이다. 인류는 아직 달까지밖에 인간을 보내지 못했지만, 이론상 햄프슨의 만화는 옳 았다. 소련과 미국이 공유한 독일의 전문지식은 **우주탐험**을 추진 할 수 있게 만든 원동력이었다.

우주탐험에는 천문학적인 비용이 들기 때문에, 인간이 최초로 달에 착륙한 이후 무인 우주선 을 띄워 비용을 낮추고 있다. **허블우주망원경**이 모은 이미지는 머나먼 우주 행성을 향한 항해만 큼이나 저 밖에 존재하는 것들에 대한 우리의 지식을 넓혀주고 있다. 어떤 점에서는 훨씬 멀리 항해한 우주선보다 허블우주망원경에서 더 많은 것을 알게 되었다. 허블우주망원경은 태양계 밖의 외계 행성 관측을 수행함으로써 어떤 우주선보다 더 먼 곳의 이미지를 전송해 우주의 비 밀을 푸는 데 기여했다.

21세기에 접어들면서 우리는 또 다른 행성에 인간을 보낼 것인지 논의 중에 있다. 자원이 감 소하고 있는 현재 이것은 단순한 지식적 갈망이 아니라 실질적인 필요성 때문이다.

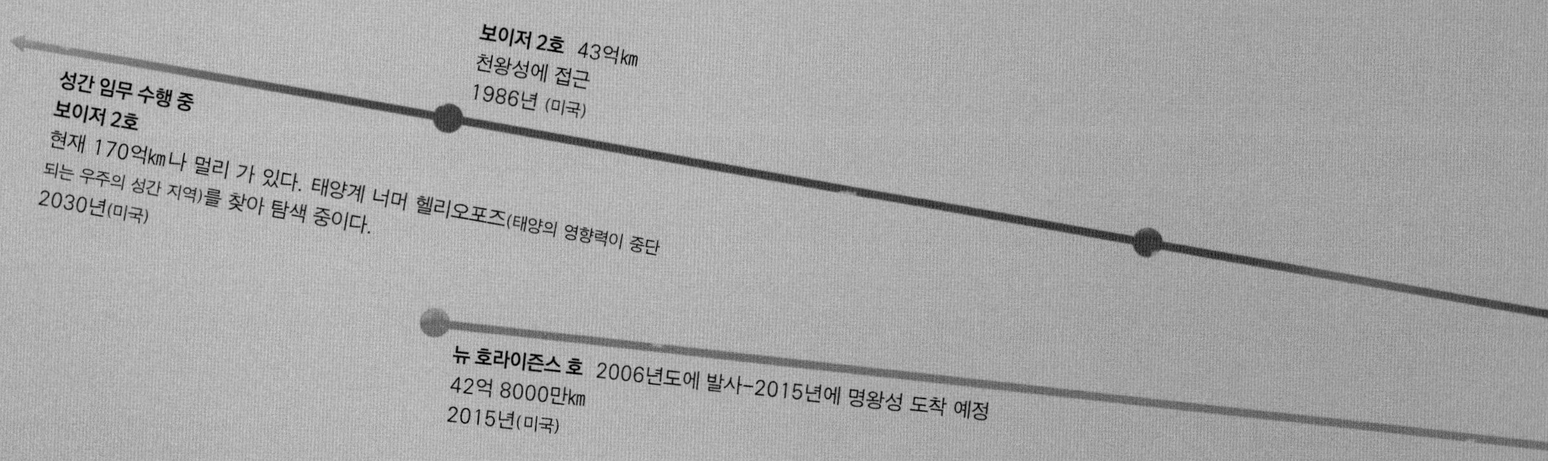


**인간이 만들어낸 기술로 지구에서 가장 멀리 이동한 거리**

* 최대거리는 궤도를 이용해 쟀다

지식 충전소

지금까지 오직 12명의 인류만이 달 표면을 걸었다. 달 표면에 최초로 발을 내디딘 사람은 1969년 6월 21일 닐 암스트롱이고, 마지막으로 갔던 사람은 1972년 12월 13일 유진 서난이다.

파이오니어 11호  12억km
토성에 접근
1979년 (미국)

파이오니어 10호  8억 9300만km
목성에 접근
1973년(미국)

마르스 2호  5500만km
화성에 착륙
1972년(소련)

마리너 10호  7700만km
수성에 접근
1974년(미국)

베네라 7호  3820만km
금성에 착륙
1970년(소련)

보스토크 1호  327km  최초의 유인 우주비행
1961년(유리 가가린, 소련)

아폴로 11호  38만 4,400km
달에 착륙한 유인 우주선
1969년(닐 암스트롱, 버즈 올드린, USA)

스푸트니크 지구 궤도 인공위성  945km,
1957년(소련)

허블우주망원경  550km
지구 궤도. 1990년 (미국)

국제우주정거장  350km  지구 궤도  1998년(다국적)

# 08.11  시간은 어떻게 변했는가?

지난 60년간 우리의 생활은 상상했던 것보다도 더 급격하게 변화했지만 한편으로는 아직도 많은 것들이 제자리에 머물러 있다. 최근 몇 년 동안 인터넷이나 전기통신에서 엄청난 성장을 이루었고 기업이나 고용주들은 이를 회사에 도입해 고용인들은 훨씬 더 쉽고 편하게 일할 수 있게 되었다.

1950년대의 선진국 국민들의 대부분의 일상은 가족과 집을 기반으로 하고 있었다. 하루의 일과는 전통적으로 **잠**, **일**, **여가** 세 부분으로 쉽게 나눌 수 있었다. **의학**과 **영양**, 사람들의 **생활수준**이 크게 향상되면서 선진국 사람들은 평균 10년 이상 수명이 길어졌다. 표면적으로 보면 이는 좋은 일처럼 보이지만 사실 문제가 있다.

**기대수명이 길어지면서** 인구의 평균연령이 증가했다. 이것은 곧 전체 인구 중에 일을 하지 않는 사람들의 비율이 더 많다는 것을 뜻하며, 일하는 인구는 어린이나 은퇴자들을 부양해야 하는 부담이 가중되었다. 현재 선진국에서는 직장에서 일하는 시간이 하루에 8시간 정도로 거의 변함없이 유지되고 있지만, 소셜 네트워크 사이트, 인터넷, 더 발전된 글로벌 네트워크 등으로 인해 실질적으로 일하는 시간은 감소했다.

### 지식 충전소

선진국의 경우 1950년대에는 일반 가정의 10%에만 전화기가 놓여 있었다. 1950년대 중반에는 전체 가정 중 30%에 못 미치는 수가 텔레비전 수상기를 가지고 있었다. 2010년에는 85% 이상의 가정에서 디지털 텔레비전 수상기를 소유하고 있다.

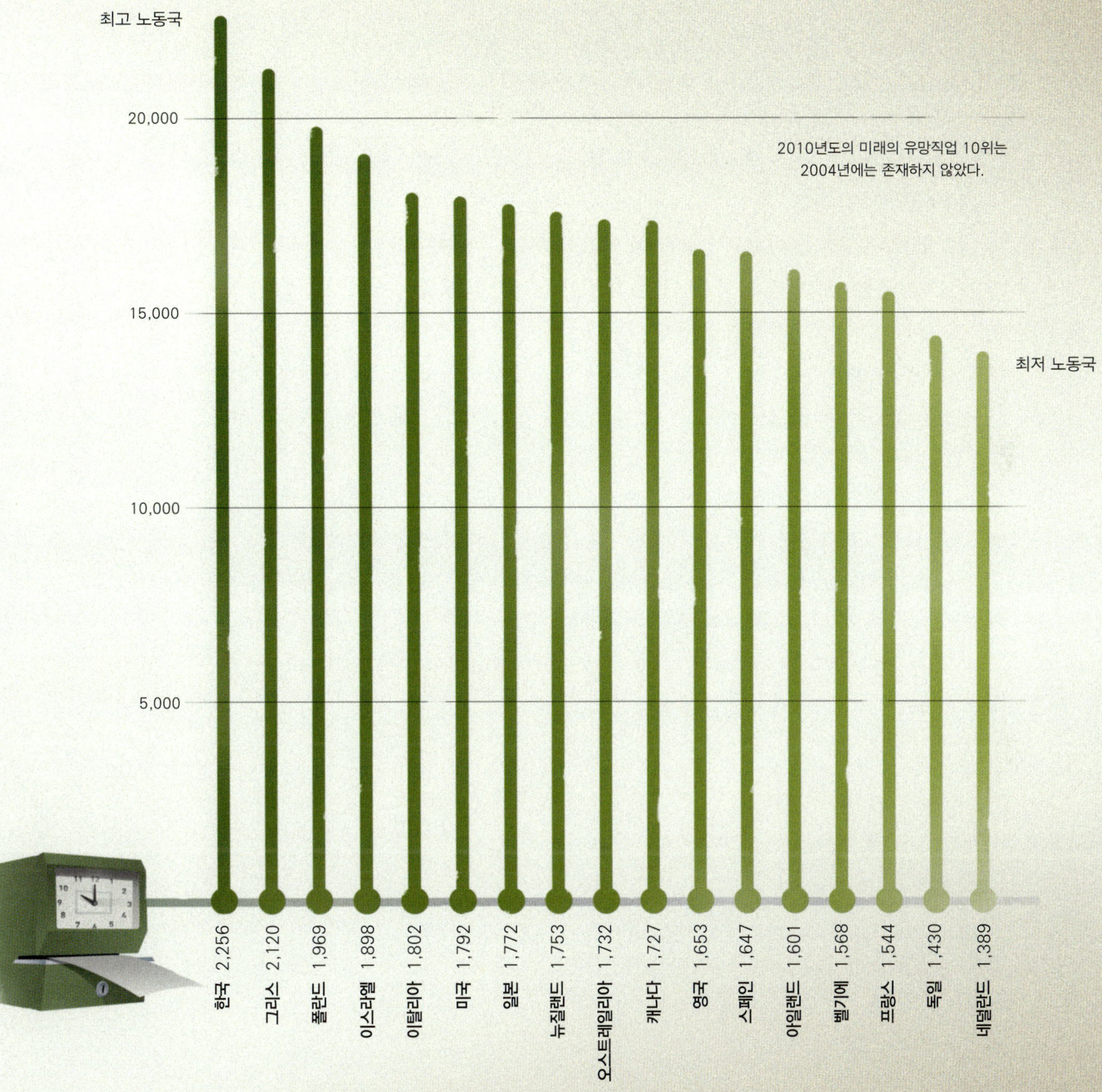
나라별 총 노동시간(2009)
최고 노동국
20,000
15,000
10,000
5,000
2010년도의 미래의 유망직업 10위는
2004년에는 존재하지 않았다.
최저 노동국
한국 2,256
그리스 2,120
폴란드 1,969
이스라엘 1,898
이탈리아 1,802
미국 1,792
일본 1,772
뉴질랜드 1,753
오스트레일리아 1,732
캐나다 1,727
영국 1,653
스페인 1,647
아일랜드 1,601
벨기에 1,568
프랑스 1,544
독일 1,430
네덜란드 1,389

## 08.12  미래는 어떻게 될까?

이 책에서는 우리가 사는 행성 지구, 우리 자신, 그리고 빅뱅에서 오늘까지 우리가 살아온 방식에 대해서 살펴보았다. 확실하게 말할 수 없는 것은 우리는 내일 무슨 일이 일어날지 알 수 없다는 것이다. 비관론자들은 결국 **지구온난화**로 인해 지구 대부분에서 생물이 살아갈 수 없게 될 것이고 지구의 **천연자원**은 고갈될 것이며 우리 인간도 공룡처럼 멸종되고 새로운 종이 나타날 것이라고 예측한다. 반면 낙관론자들은 이 지구에서 상대적으로 짧은 시간 동안 거둔 인간의 성과로 볼 때, 앞으로 무슨 일이 일어나든 인간은 살아남는 방법을 찾아낼 것이라고 말한다. 그것은 우리가 다른 행성으로 이주하거나 화석연료를 대체할 안전한 대체에너지를 개발하고, 산소를 배출하는 우림의 감소 없이 **늘어나는 인구**를 먹일 수 있는 방법을 찾아낼 것이라는 뜻이다.

모든 일이 한순간에 발생한 137억 년 전부터 현재에 이르기까지 우리는 크게 진보했지만 이 여정이 어디로 갈지는 아무도 모른다. 이 지구의 생명이 24시간이라면 우리는 현재 23시 59분 59초에 있다는 클리셰가 남용되고 있지만, 진실은 아무도 모른다.

하나의 종으로서 우리 인간은 내일 어떤 일이 일어날지 알지 못하지만 무슨 일이 생기든 우리가 주도권을 쥐고 있으며 이것이 우리와 지구에 공존하고 있는 다른 생물들과의 차이점을 만들어준다는 데 의의가 있다. 우리는 모든 것에 영향을 미치는 결정을 내릴 수 있다. 하지만 과연 우리는 우리의 결함을 극복하고 최선의 선택을 할 수 있을까?

**당신이 하는 선택이 미래의 모두에게 영향을 줄 수 있다.**

**지식 충전소**

세계는 하루에 8500만 배럴의 석유를 사용한다. 1배럴은 158.9L이므로 1인당 매일 2L를 사용하는 셈이다.

# 미래에 이루어지기를 고대하는 것 또는 아닌 것

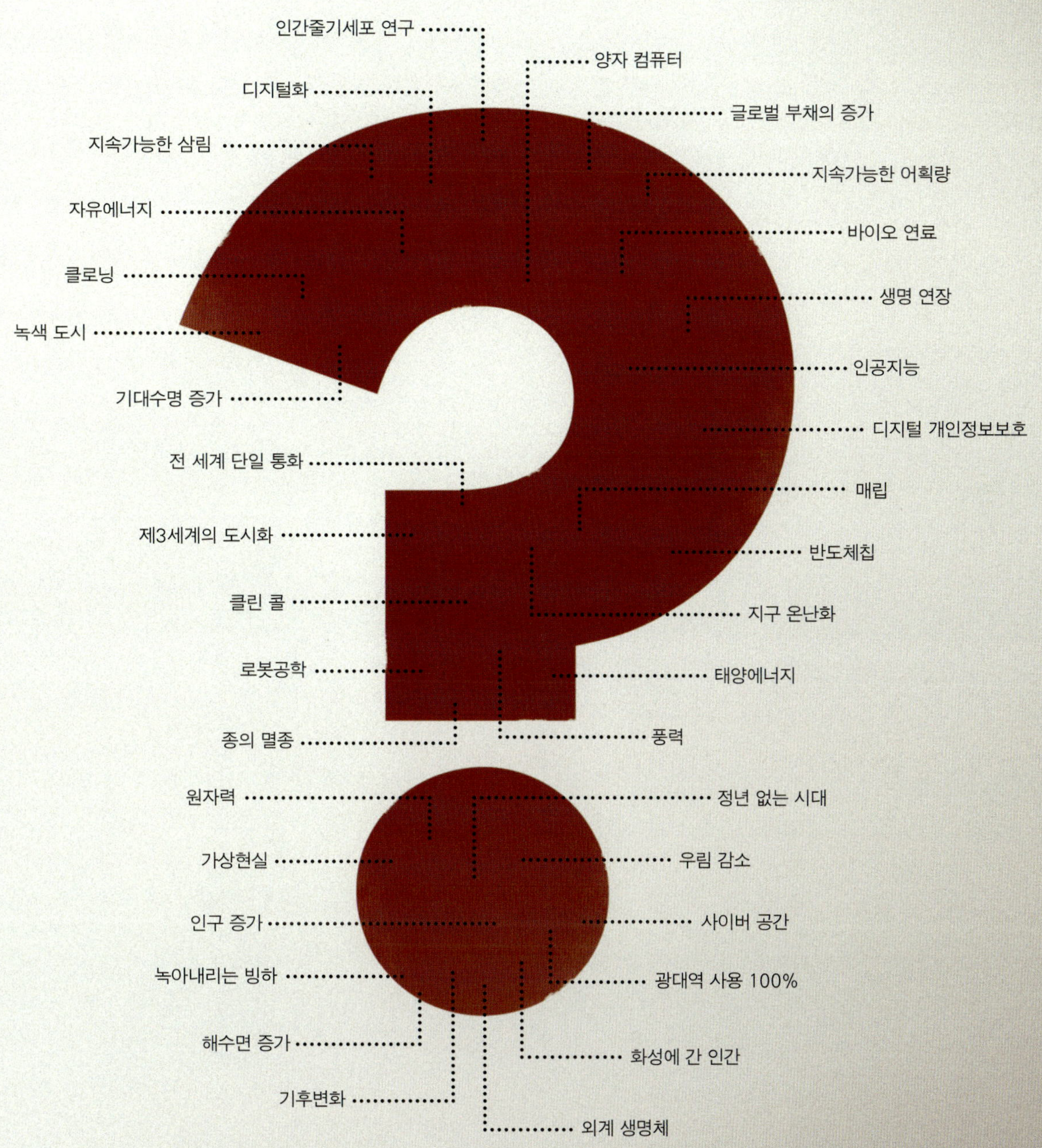

# 감사의 말씀

정말 멋진 책이 되도록 도와준 케이티 코완과 말콤 크로포트에게 감사의 말을 전하고 싶다.

이 책의 디자인 방향을 제대로 잡아준 조 앤스패치와 바통을 이어받아 환상적이고 세련되게 디자인해준 스티브 러셀에게 큰 빚을 진 것 같다. 디자인과 일러스트, 콘텐츠에 많은 기여를 한 스티브가 없었더라면 우리는 이 책을 만들지 못했을 것이다. 또 매의 눈으로 편집을 하고 현명하게 이끌어준 케이티 휴잇과 크리스 스콘에게도 감사한다.

마지막으로 열세 살에 학교를 그만두었지만 내가 아는 누구보다 더 많은 것을 아는 아버지 말콤에게 이 책을 바치고 싶다. 퀴즈쇼 〈Mastermind, A Question of Sport and Ask the Family〉를 볼 때면 아버지는 항상 나와 형제들을 이기곤 했다. 그리고 진정으로 모든 것에 대한 모든 것을 알고 있는 어머니 에미에게도 감사의 말을 전하고 싶다. 고마워요. 코끼리 다리!

다니엘 타타스키 Daniel Tatarsky

이 책에 관련된 모든 분들, 특히 다니엘 타타스키, 케이티 코완, 말콤 크로프트에게 감사의 말을 전한다.

아노바와 일을 연결해준 조지나 휴이트에게도, 나의 모든 친구들과 끝없이 오랫동안 이 책을 작업하는 동안 불평 한마디 않고 참아준 플랫메이트에게도 감사의 말을 전하고 싶다.

이 책을 어머니 마고트 러셀에게 바친다. 모든 것은 언제나 어머니에게 바칠 만한 가치가 있기 때문이다.

스티브 러셀 Steve Russell

Oxygen
Electricity is created when electrons move from atom to atom.
Electricity travels at 300,000 kilometres per second. If a human being could travel that fast it could travel around the world eight times in the time it takes to switch on a light bulb.
Your brain generates between 10 and 25 watts of power – just enough to power a light bulb.
10,000
5,000
Korea 2,256
Greece 2,120
Poland 1,969
Electron flow
Current flow
Switch
Off/On
Battery/Source
Light energy is converted into chemical energy by chlorophyll – a pigment that energises electrons using specific wavelengths of light. Chlorophyll is also what gives all plants their green colours.
A power source can be either direct current or alternating current. A battery is an example of the former and the charge is caused by a chemical reaction. A power station creates alternating current due to the movement of a magnet within a copper coil.
Television
1925 – John Logie
Scotland
$C_6H_{12}O_6 + 6O_2$
Telephone
1876 – Alexander Graham Bell
Canada
Powered flight
1903 – The Wright Brothers
USA
Toilet paper
14th Century China
Steam engine
1769 – James Watt
Scotland
Alphabet
2700 BC
ΑΒΓ
ΦΨΞ
Automobile
1889 – Gottlieb Daimler
Germany
Electric wa
1906–i
Printing press
1440 – Johannes Gutenberg
Germany
Electricity
1831 – Michael Faraday
England
Clock
1090 – Su Song
China
This graph shows the population change in major cities over the last 150 years
1861
1911
1961
2010